AF368858

CONSERVATION

DE LA VIANDE

ET AUTRES

SUBSTANCES ALIMENTAIRES

IMPRIMERIE J. CLAYE
RUE SAINT-BENOIT 7
PARIS

CONSERVATION

DE

LA VIANDE

ET AUTRES

SUBSTANCES ALIMENTAIRES

PAR LE FROID OU LA DESSICCATION

PAR

CH. TELLIER

OUVRAGE THÉORIQUE ET PRATIQUE

Orné de 108 Figures inédites dans le texte

DE 12 PLANCHES

Et de 2 cartes par M. V.-A. MALTE-BRUN

> L'abondance est la première condition de la prospérité publique.
>
> CH. T.

PARIS

USINE FRIGORIFIQUE D'AUTEUIL

99, ROUTE DE VERSAILLES, 99

—

1871

INTRODUCTION

L'étude qui va suivre est spécialement consacrée au but que voici :

Préciser les moyens de faire arriver sur nos centres populeux, *dans des conditions pratiques d'alimentation*, les masses de viande qui se perdent en diverses contrées.

Cette question a une haute importance. Elle correspond non-seulement à des besoins considérables, mais encore à un ordre de choses rationnel.

En effet, tandis que les hommes en se réunissant, se groupant sur certains points, ont rendu le sol insuffisant, au loin il y a plus que l'abondance, il y a le superflu.

Établir une balance entre ces situations

extrêmes est donc une nécessité qui chaque jour devient plus opportune. C'est cette nécessité que je veux aider à satisfaire.

En indiquant l'importance de cette question, j'ai souvent entendu formuler une crainte :

Cette crainte, c'est qu'agir ainsi, ce serait méconnaître les intérêts de l'agriculture.

Je tiens, dès le début de ce travail, à détruire cette appréhension, qui pourrait nuire au mouvement qu'il importe tant de fomenter.

Elle est tout aussi peu fondée que celle qui, au début de ce siècle, faisait dire que l'emploi des machines rendrait la main-d'œuvre inutile.

Loin de nuire au travailleur, l'industrie au contraire a centuplé les efforts, et de tous côtés a versé le bien-être. L'agriculture, débordée aujourd'hui par la consommation, subira la même influence.

Il ne faut pas oublier, en effet, que les chemins de fer, le besoin de confort, les exigences très-naturelles qui se sont manifestées dans la consommation, ont fait largement développer les besoins alimentaires.

Il ne faut pas oublier que ces besoins sont

bien loin d'être satisfaits, et qu'ainsi nous sommes, non pas au maximum de la situation, mais au début de la marche ascendante qu'il faudra subir dans les prix, si nous n'arrivons pas à fournir, par l'importation, de quoi parer au développement incessant de cette consommation.

Deux chiffres vont me permettre de préciser la question :

A Paris, la consommation moyenne annuelle en viande est de 273 grammes par individu et par jour. Et cette moyenne n'est pas suffisante; je le démontrerai au cours de cet ouvrage.

Dans le reste de la France, elle n'est que de 57 grammes, toujours par individu !

Faisant la part de la plus large consommation de pain, de légume, qui peut être faite en province, qui ne voit cependant l'effroyable inégalité qui tend chaque jour à s'effacer et constitue précisément l'enchérissement anormal que nous subissons?

Il y a là, pour me servir de l'expression d'un homme éminent, il y a là une marée montante effrayante. Eh bien, c'est à arrêter l'envahissement de cette marée, c'est à combler cet excédant de besoins, à faire en un mot la vie à bon marché, que les moyens que je vais décrire doivent être consacrés.

Afin de rendre plus aisée l'étude de cette importante question, je la scinderai en quatre parties principales :

La première passera rapidement en revue les principaux moyens indiqués jusqu'à ce jour pour la conservation des viandes. Elle exposera en même temps les principes sur lesquels reposent les procédés par moi employés, principes qui se résument en deux faits principaux :

L'emploi du froid,
La dessiccation.

La deuxième partie sera spécialement consacrée aux applications de ces deux principes.

Aidé de nombreuses gravures dans le texte et de planches, j'entrerai dans tous les détails des opérations à réaliser, aussi bien au point de vue des installations à créer à terre que de celles à établir pour faciliter les transports.

La troisième partie aura trait à la question économique.

Dans cette étude nous déterminerons les quantités de viande sur lesquelles il nous sera permis de compter. Nous examinerons leur prix de revient, l'importance des capitaux à engager, les bénéfices qui leur seront afférents.

Enfin, dans la quatrième partie, nous traiterons de quelques applications complémentaires.

Dans ces conditions, le champ embrassé sera aussi complet que possible. Rien ne s'opposera dès lors à ce que la plus vive impulsion puisse être donnée à ce genre d'exploitation.

Le premier résultat à en obtenir sera l'abondance, et l'abondance pour notre pays, si tristement dévasté, ce sera une des conditions, si ce n'est la première, de sa nouvelle prospérité.

CH. TELLIER.

Auteuil-Paris, le 25 février 1871.

NOTA

Ce volume étant divisé en plusieurs parties, il doit rester entendu que lorsque le lecteur sera renvoyé à un chapitre, et que ce chapitre ne portera pas d'indication spéciale, c'est qu'il s'agira d'un de ceux que comprendra la partie étudiée.

Dans le cas contraire, la division de l'ouvrage à laquelle il faudra se reporter sera indiquée entre parenthèses, immédiatement après l'énonciation du chapitre à consulter.

CONSERVATION

DE LA VIANDE

ET

AUTRES SUBSTANCES ALIMENTAIRES

PREMIÈRE PARTIE

ÉTUDE GÉNÉRALE

CHAPITRE PREMIER

PROCÉDÉS EMPLOYÉS JUSQU'À CE JOUR.

1. Exposé. — Avant d'entrer dans l'étude spéciale des moyens que nous avons à appliquer, il est utile de passer en revue les différents procédés proposés jusqu'ici. L'état de la question sera ainsi mieux précisé, il sera possible en même temps d'apprécier plus nettement les différences qui existent entre les moyens que je présente et ceux dont je viens de parler.

Il est peu de sujets qui aient autant exercé la sagacité des chercheurs que la conservation de la viande, aussi en est-il peu qui présentent d'aussi multiples solutions. Malgré cette situation en apparence défavorable au point de vue bénéficiaire, la concurrence n'est pas redoutable, tellement grands sont les besoins à satisfaire et tellement larges aussi sont les bases d'opération.

De plus, il faut le dire, aucun procédé n'est arrivé à donner solution complète à la question. Le problème est encore pour ainsi dire intact, et c'est justement parce que je crois avoir atteint le résultat cherché, que je tiens à préciser d'une manière absolue ce qui a été fait sur cet intéressant sujet.

Tous les procédés proposés peuvent se ranger en dix catégories principales :

1° La salaison et le boucanage ;

2° L'emploi de la congélation et de la glace ;

3° La dessiccation ;

4° La cuisson ;

5° L'emploi de l'alcool, du vinaigre, de l'acide sulfureux, de l'acide phénique, etc. ;

6° L'enrobage par la gélatine, la paraffine, la farine, etc.;

7° L'injection de liquides préservatifs;

8° L'emploi du vide, ou d'atmosphères artificielles;

9° L'utilisation de mixtures préservatives;

10° La fabrication d'extraits de viande.

Nous allons immédiatement passer en revue ces différents moyens.

2. SALAISON ET BOUCANAGE. — La salaison est assurément l'un des plus anciens procédés connus.

De temps immémorial, les viandes et poissons salés ont été largement consommés. Suivant Hérodote, ce mode était pratiqué en Égypte de toute antiquité.

Mais il ne faut pas l'oublier, la salaison n'est pas un moyen de conservation, mais bien plutôt un moyen de transformation donnant un produit autre que l'aliment primitif.

Une modification profonde se fait en effet, sous l'action du sel, dans la substance même.

D'abord, sous l'influence de la contraction fibreuse qu'excite ce corps, une notable quantité de sérum, liquide qui aide à constituer le suc de la viande, se sépare. Ce sérum dissout un excès de sel formant ce qu'on appelle la saumure, laquelle entraîne une notable quantité de matière assimilable qui est ainsi perdue; de plus, la fibre musculaire, les cartilages, etc., perdent, sous l'influence du même agent, la possibilité de se transformer en gélatine, de laisser dissoudre par conséquent la plupart de leurs principes préexistants.

La conséquence de cet état de choses est un aliment nouveau, propre à certaines préparations culinaires, mais ne pouvant plus constituer celles habituellement obtenues dans les ménages et particulièrement le bouillon.

Les viandes salées sont du reste d'une digestion difficile. Plus dures, moins facilement assimilables que les mêmes viandes non salées, elles ne conviennent pas aux personnes malades, délicates. Elles sont pour l'enfance un mauvais aliment. Bref, elles peuvent prendre dans l'alimentation une part importante, mais elles ne constitueront jamais une nourriture journalière, rationnelle, surtout pour les villes où la vie organique a besoin de plus de délicatesse que dans les campagnes [1].

1. L'habitant des campagnes, par la nature de ses occupations, par la vivacité de l'air qui arrive constamment pur à ses poumons, peut en effet plus facilement ingérer des aliments salés que l'habitant des villes. C'est à cette circonstance qu'est

Leur ingestion prolongée a même pour conséquence des affections qui peuvent devenir funestes. Tout le monde sait que le scorbut, cette terrible maladie qui affecte surtout les équipages maritimes, tient principalement à l'usage de viandes salées, et que le meilleur moyen de la faire disparaître est précisément de revenir à des aliments frais, naturels.

due la conservation de sa santé, malgré la nourriture grossière qu'il absorbe communément.

Il ne faut pas inférer de là qu'une nourriture meilleure et plus rationnelle n'augmenterait pas ses forces. Il y a au contraire dans cette solution une question qui intéresse vivement l'agriculture. L'homme a besoin d'aliments réparateurs; mieux il est nourri, plus il travaille.

L'Irlandais, qui absorbe jusqu'à 6 kilos de pommes de terre par jour, fournit un travail moitié moindre que l'ouvrier anglais, qui mange 660 grammes de viande. Il donne le même travail que ce dernier quand sa nourriture devient identique.

Cet exemple, que je n'entends pas citer comme dominant absolument la question, car avant tout j'admets la nécessité d'une alimentation variée, démontre l'influence qu'exerce sur les forces de l'homme une nourriture bien entendue. Veiller à l'alimentation du travailleur n'est donc pas seulement un acte de philanthropie, mais bien de sage économie.

A ce titre, l'introduction de viandes naturelles aidera à la culture, puisqu'elle permettra d'avoir sous la main, dans les fermes, l'aliment réparateur par excellence: aliment qui jusqu'ici y fait défaut, la viande allant généralement dans les villes et ne restant pas à la disposition des producteurs.

Il est donc permis de dire que la consommation des viandes salées a depuis longtemps atteint son maximum, que ce n'est pas par suite dans ce mode de préparation qu'il faut chercher l'élément nécessaire à nos populations, qu'il est intéressant au contraire de lui trouver un succédané pour l'usage des marins et de la troupe.

Ce mode de préparation n'offre du reste à la pratique aucune difficulté. On coupe la viande en morceaux de 1 ou 2 kilos, on la roule dans le sel, on la range soit dans des tonneaux, soit dans des pots, en plaçant un lit de sel au fond des vases, puis alternant un lit de sel un lit de viande, couvrant finalement par une dernière couche de sel et fermant aussi hermétiquement que possible le récipient, quelle qu'en soit la nature.

Afin de conserver à la viande une couleur rouge plus prononcée, on ajoute ordinairement au sel une certaine quantité de salpêtre (nitrate de potasse). Les charcutiers surtout usent de ce procédé qui donne à la viande une teinte rosée plus agréable.

Les Anglais ajoutent à la salaison un peu de sucre. Ils prétendent que, la viande se saturant de ce corps, le sel reste à la surface et la préserve de l'action de l'air.

Cette explication du rôle joué par le sucre n'est

pas très-satisfaisante, mais ce qui est incontestable c'est que les jambons anglais sont justement renommés, que leur chair conserve une tendreté qu'on ne rencontre pas dans les préparations analogues. Il n'y a donc aucun risque à employer leur méthode.

Voici d'après M. Girardin les proportions qui en ce cas remplacent le sel pur :

Sel marin. 3ᵏ 000
Salpêtre. 0. 045
Sucre. 0, 500

On fait dissoudre à chaud dans vingt litres d'eau.

Quel que soit le mode adopté, une condition importante pour la bonne préparation des salaisons est d'opérer à basse température; aussi dans les villes d'Amérique et d'Angleterre, où se préparent si largement ces produits, travaille-t-on dans des caves ou endroits frais analogues.

En Amérique surtout on s'attache avec raison à cette question de température, et tous les moyens sont employés pour que les réserves ne dépassent pas 7 à 8 degrés, températures auxquelles, en effet, la fermentation est presque nulle.

En France, on tient moins compte de cette précaution, tout en cependant y satisfaisant par suite des usages adoptés. C'est, en effet, à l'automne et au printemps que se font généralement en nos pays les ventes et les abatages de porcs. A cette époque la température est naturellement froide et présente ainsi la condition utile sur laquelle nous aurons plus tard à insister.

Tout ce que je viens de dire se rapporte au mode de salaison employé vulgairement. En ces derniers temps d'autres procédés se sont présentés, entre autres celui de M. de Lignac, dont je veux dire quelques mots.

M. de Lignac opère dans des conditions analogues à celles employées pour l'injection et la conservation des bois; c'est par conséquent un produit liquide, c'est-à-dire de la saumure, au lieu de sel qu'il emploie.

Cette saumure est une simple solution saturée de sel marin, aromatisée de tels produits ou condiments que l'on veut employer. On compte sur 160 à 200 grammes de saumure par kilogramme de viande, soit une proportion de 52 à 65 grammes de sel par kilogramme. Ce chiffre indique la quantité énorme de cet ingrédient qu'il faut faire absorber à la viande pour la conserver, et par conséquent le degré de salure qui nécessairement résulte pour elle de cette application.

Le mode d'emploi de cette saumure est aisé, il est fort simplement ingénieux.

La saumure est emmagasinée à une certaine hauteur, soit à 10 ou 12 mètres du sol; elle est amenée à portée de l'ouvrier par une conduite flexible, maniable à volonté. On obtient ainsi une colonne liquide, agissant sous une pression effective d'une atmosphère et qu'il devient facile d'employer.

Pour ce faire, on introduit, à l'aide d'une canule *ad hoc*, le liquide dans le voisinage des os, partie de la viande la plus facilement altérable, et qu'il importe par conséquent de préserver plus énergiquement.

Laissant filtrer le courant, on favorise sa pénétration dans la viande en tous les sens. On obtient ainsi un produit parfaitement imprégné, dont on achève l'imbibition en plongeant les morceaux dans un nouveau bain de saumure. Ressuyant ensuite ces morceaux par un courant d'air, de façon à leur faire perdre l'excès de liquide entraîné, on achève la préparation en leur faisant subir pendant quelque temps l'action de la fumée.

Ainsi qu'il est facile de le voir, ce procédé ne

diffère du moyen ordinaire que par une plus complète et plus aisée pénétration de l'agent préservateur employé, c'est-à-dire le sel ; puis par la possibilité de joindre à cet antiseptique l'action de condiments qui ne peuvent qu'améliorer le goût de la préparation. Quant à l'action de la fumée, elle n'est pas absolument nécessaire. Nous verrons plus loin son influence sur la viande.

Ce mode de salaison est évidemment fort rationnel. Il semble cependant qu'il serait plus pratique d'injecter la saumure dans l'animal entier avant son dépeçage. M. de Lignac est, en fait de conservation d'aliments, un praticien émérite ; nul doute qu'il n'ait eu ses raisons pour opérer sur l'animal divisé. L'observation faite ici n'est donc pas une critique, mais bien un développement complémentaire de son moyen.

Quel que soit du reste le mode employé, c'est toujours, rappelons-nous-le bien, une salaison qui est obtenue, et, qu'elle soit plus ou moins rationnelle, la conséquence que j'ai indiquée plus haut reste la même.

Un autre procédé est basé sur l'emploi de l'acide chlorhydrique, saturé ensuite par le carbonate de soude.

L'acide chlorhydrique, employé en très-minime proportion, a la propriété d'empêcher la putréfaction (1 gramme dans 1,000 grammes d'eau suffit).

J'ai ainsi conservé avec son aide, pendant un temps considérable, des pièces de viande dont l'aspect extérieur ne s'était pas modifié sensiblement.

Mais il y a une circonstance dont il faut tenir compte, c'est que l'acide chlorhydrique dissout la fibrine. Il résulte dès lors de ce fait ceci : c'est que, lorsqu'on fait bouillir la chair ainsi préparée, elle se dissout presque entièrement.

Pour obvier à cet inconvénient j'avais pensé, et j'ai su depuis que ce procédé était employé, à saturer l'acide chlorhydrique par le carbonate de soude. C'était former par cette réaction une véritable salaison interne, conséquence qui précisément me fait ranger ce moyen dans la catégorie des viandes salées.

Mais en opérant ainsi il arrive une chose, c'est que les dosages ne peuvent être réguliers. Il faut les faire varier avec les sortes de viandes, leur degré d'âge, la texture des morceaux, etc., etc. L'acide dès lors a plus ou moins exercé son action avant sa neutralisation; d'où production de résultats satisfaisants parfois, inacceptables dans d'autres cas.

En résumé, outre l'inconvénient que je signale, nous trouvons toujours là, comme conséquence du procédé, l'emploi du sel, et par conséquent la série d'inconvénients que nous avons signalés. Ce n'est donc pas encore dans ce moyen que nous pourrions trouver la solution cherchée pour nos contrées affamées.

Quelques mots sur le fumage, plus spécialement nommé boucanage, quand il s'applique à la viande; saurage ou saurissage, quand il s'agit de poisson.

L'emploi de la fumée ne constitue pas un mode d'opérer propre, mais bien une addition à celui que nous venons d'étudier. En effet, on ne fume pas de la viande fraîche, mais toujours de la viande préalablement salée.

Cette opération produit sur la viande salée deux actions simultanées, qui toutes deux concourent à sa conservation.

La première est une dessiccation assez prononcée;

La seconde est l'imprégnation des tissus par

l'agent antiseptique que contient la fumée, lequel est surtout la créosote.

La dessiccation extrait des tissus une notable proportion de l'eau qui les imbibait; elle donne à la chair plus de fermeté. Tout le monde connaît la texture à la fois ferme et tendre des produits qui constituent la bonne charcuterie.

La seconde action tient à la nature même de la fumée.

La fumée (surtout de bois) n'est pas en effet un simple mélange d'air, de vapeur d'eau, de molécules charbonneuses; elle contient en plus de l'acide pyroligneux et nombre de produits accessoires, parmi lesquels se range la créosote.

Or la créosote est le produit antiseptique par excellence. Elle a une telle énergie qu'elle repousse même les mouches qui s'acharnent ordinairement sur la viande. Employée seule elle pourrait donner à la préparation un goût repoussant; mais à l'état de vapeur, mélangée aux autres substances que contient la fumée, elle imprègne lentement les tissus et leur donne un arome auquel on s'habitue aisément.

Les bois préférés pour cette opération sont ceux de chêne, de hêtre ou de bouleau.

L'action de la fumée n'est pas instantanée. Elle

exige un temps assez long pour se produire. Pour une pièce de viande ordinaire, il faut compter sur un délai d'au moins cinq à six semaines.

Le boucanage des viandes est pratiqué partout, mais plus généralement sur les salaisons de porcs. Dans quelques contrées on applique à la viande de bœuf ce procédé. Hambourg, depuis un temps immémorial, est justement renommé pour ce genre de préparation. Toutefois, s'il y a bien là un mode de conservation applicable à quelques besoins, cet emploi est limité et ne saurait apporter à la consommation de nouvelles facilités. Passons donc à une autre catégorie de moyens.

3. Emploi de la congélation et de la glace. — L'emploi du froid se résume par trois actions différentes :

La congélation;

L'action simplement modératrice de la glace;

L'action du froid sec.

Le premier mode est très-largement utilisé en Russie, et peut l'être dans tous les climats analogues. La viande gelée, le poisson gelé y sont l'objet d'un commerce considérable, et de fait ces aliments sous cette forme sont absolument inertes, imputrescibles. Ils sont véritablement momifiés [1].

Toutefois une circonstance limite à ces seuls pays, l'emploi de ces moyens.

Cette circonstance, c'est que la congélation brise par le gonflement qu'elle produit dans les tissus rendus rigides par le froid, brise, dis-je, toutes les cellules intérieures, désorganise en un mot la substance animale ou végétale sur laquelle elle agit, et par conséquent la rend très-apte à une décomposition rapide lors du dégel.

La conséquence de ceci est qu'il faut utiliser les aliments ainsi préparés encore congelés. La décomposition n'ayant pu alors s'opérer, ils ont conservé leurs propriétés primitives.

Mais si, au lieu de les employer tels, on les

---

1. On a trouvé et l'on trouve encore en Sibérie des mammouths ensevelis dans la glace depuis les temps antédiluviens.

Ces animaux sont ordinairement mis à nu, soit par des étés exceptionnels, soit par quelque déchirement inopiné du sol.

Ils ont conservé leur peau, leurs poils, leurs chairs, et lorsque les loups ou les ours n'ont pas fait les premiers un régal de ces dernières, il est possible de voir figurer sur la table des amateurs de la viande remontant au déluge.

Cette circonstance n'est pas très-fréquente, mais elle s'est présentée plusieurs fois dans le nord de la Sibérie, où les mammouths paraissent avoir été excessivement abondants pendant la période antédiluvienne.

laisse se dégeler, presque immédiatement on n'a plus que des produits altérés. C'est ainsi qu'en nos pays nous voyons nos ménagères repousser et le poisson, et la viande, et les légumes gelés, dès que le dégel commence à manifester son action.

Tout ceci prouve une chose, c'est que la congélation ne peut être employée que là où la permanence de l'hiver permet de compter sur un temps suffisamment long pour faciliter le transport et la consommation des produits.

Or les contrées qui se trouvent dans ces conditions sont peu nombreuses.

Hormis la Russie en Europe, la Sibérie en Asie, le Canada en Amérique, il n'y a plus lieu de compter sur ce moyen. Dans ces conditions d'utilisation réduite, il reste avec une valeur limitée, et en ce qui concerne nos contrées surtout, nous n'avons pas à nous en occuper. Je n'y insiste donc pas.

Le second moyen, l'emploi de la glace, se généralise plus.

Ce corps est utilisé dans bien des cas et presque partout pour conserver la viande et les substances alimentaires.

Disons de suite que son usage dans les conditions ordinaires, c'est-à-dire appliqué sur la viande ou même à distance. ne remplit pas complétement le but proposé.

D'une part, la glace placée sur les aliments y produit un froid humide, condensant les miasmes atmosphériques. les amenant sur les chairs à conserver, ce qui est le meilleur moyen d'y ensemencer les éléments putréfiants ou morbides.

D'une autre part. la glace en fondant laisse imbiber les tissus sur lesquels elle repose. L'eau ainsi produite dissout les principes mêmes de l'aliment, laissant à nu la fibre qu'il faudrait justement préserver.

Enfin. si on la place à distance, elle ne produit plus qu'un froid irrégulier. On obtient donc bien avec la glace une certaine prolongation de conservation. mais presque toujours des produits fatigués. ayant perdu leur saveur. leur fermeté. Ce ne sont plus des aliments frais, dans l'acception vraie du mot.

Pour obvier à cet inconvénient, j'ai imaginé un petit appareil qui. pour l'emploi de la glace. présente sur les moyens ordinaires une grande supériorité. On peut avec son aide compter sur une conservation aisée de huit jours. qu'il s'agisse de viande ou de poisson, et quand je dis conservation. j'entends par là le produit complet. aussi satisfaisant que s'il était mangé le premier jour de son abatage. Je dirai même que la viande ainsi conservée a été reconnue, comme tendreté et comme goût, supérieure à la viande trop fraîchement tuée, que l'été il nous faut accepter.

Il y a donc dans l'emploi de cet appareil quelque utilité.

Je vais à ce titre le reproduire en le figurant par deux dispositions principales : l'une appliquée aux usages domestiques, l'autre à la boucherie ou industries analogues.

La fig. 1re présente le premier modèle ;

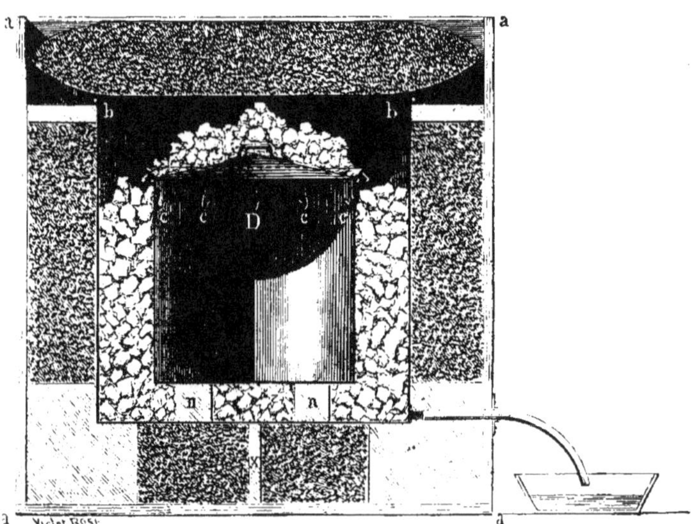

Fig. 1. — Garde-manger frigorifique.

Cet appareil se compose principalement :

1° D'une caisse en bois *a a a a*, contenant tout le système;

2° D'un récipient en zinc *b b*, lequel, par un ajutage inférieur, débouche à l'extérieur;

3° D'un vase intérieur aussi en zinc D, fermé à l'aide d'un couvercle mobile.

C'est ce dernier récipient qui renferme les produits à conserver, lesquels peuvent être :

Ou simplement posés les uns sur les autres enveloppés dans des serviettes,

Ou distribués sur une étagère mobile, que présente la fig. 2.

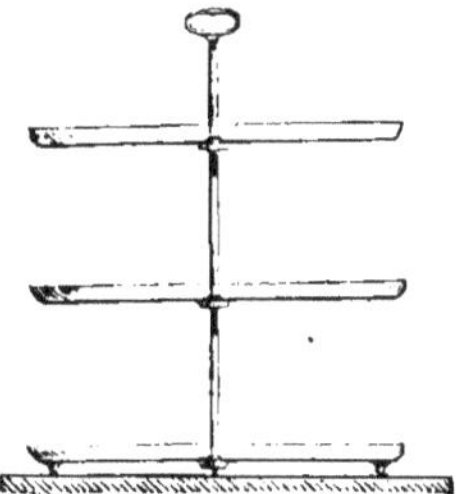

Fig. 2. — Étagère de garde-manger frigorifique.

Ou enfin pendus à des crochets, régnant tout autour de l'appareil soit *c c c c*, laissant ainsi le fond libre pour y poser des terrines à bouillon ou tous autres objets.

Comme l'indique la fig. 1re, ce récipient repose sur des dés *n n* en bois, ou mieux en poterie. Des pots à fleurs retournés peuvent au besoin servir et constituer d'excellents pieds isolants. Il est complétement entouré de glace.

Son couvercle est disposé en cône aplati, mais portant un bord relevé, de manière à recevoir lui-même quelques morceaux de glace. Quatre petits ajutages, disposés autour de sa circonférence, permettent l'écoulement de l'eau de fusion, en sorte que, lorsqu'on enlève ce couvercle, il n'y ait pas d'eau projetée dans l'intérieur de la réserve.

On comprend qu'avec cette disposition, la température de 0 degré est aisément maintenue dans l'appareil, et que les vivres peuvent s'y maintenir d'une manière absolument inerte.

Mais ce n'est pas tout que d'employer efficacement la glace, il faut encore en limiter la consommation. C'est à ce résultat que nous servira l'enveloppe formée par la caisse $aaaa$.

Cette caisse laisse entre ses parois et le récipient bb un espace libre assez considérable.

Cet espace libre est rempli par de la menue paille d'avoine, corps qui constitue un excellent isolant.

Pour compléter l'isolation du système, le récipient bb est supporté par des supports xxx en liége, matière choisie toujours à cause de la faculté qu'elle possède d'être peu conductrice du calorique ; enfin, supérieurement, l'espace rempli de paille d'avoine est fermé par des plateaux en liége. Tout l'appareil est clos par une sorte d'édredon ou d'oreiller en molleton, rempli de paille d'avoine. Dans ces conditions l'isolation est aussi complète que possible et la dépense de glace est réduite à peu de chose.

On peut estimer que la perte due à la conductibilité, pour un appareil contenant environ un hectolitre, la température extérieure étant 18 degrés, sera d'environ 3 kilogrammes en vingt-quatre heures. La température de 18 degrés, représente pour Paris la moyenne des jours d'été, fraîcheur de la nuit compensée avec la chaleur du jour, c'est donc une dépense maxima qui est ainsi indiquée.

Quant à la quantité de glace fondue par la chaleur des aliments, il faut compter, toujours pour une température moyenne de 18 degrés, sur 1 kilogramme de glace par 5 kilogrammes de produits conservés.

Je parle ici de l'été. Dans les autres saisons la dépense sera nécessairement moindre, mais j'insiste sur ce fait, que pour les personnes qui auront la possibilité de disposer d'un semblable appareil, il y aura avantage marqué à s'en servir en tout temps.

En effet, l'atmosphère humide de l'hiver altère aisément les comestibles, surtout quand la température dépasse 8 degrés. Les bouchers le savent bien, et même l'hiver se prémunissent contre les fluctuations atmosphériques. Il n'y a que par les petites gelées, donnant un froid sec de 0 degré, ou environ, qu'on peut compter sur une conservation assurée. Or la première conséquence de l'appareil que j'indique est de donner à l'intérieur de la réserve la température froide et sèche désirée.

La fig. 3 nous représente la même disposition, mais applicable alors à la boucherie.

Nous retrouvons les mêmes agencements généraux ; seulement, au lieu que l'appareil soit sur le sol, il se trouve engagé dans une sorte de citerne BB, placée sous le plancher de la boucherie.

Deux vantaux ferment le dessus de cette citerne, en sorte qu'en jour le magasin reste libre. Le soir venu on ouvre les vantaux, on retire le couvercle d. A l'aide d'un palan on élève l'étagère X, sur laquelle on dispose les morceaux de viande restant de la provision du jour. Ceci fait, on redescend l'étagère X. On replace le couvercle d, on ajoute la glace utile, puis, remettant le coussin ou édredon de paille sur l'orifice, on n'a plus qu'à refermer les vantaux et à laisser passer la nuit.

Mais avant de clore la citerne on a procédé à une
petite opération. Cette opération, c'est d'extraire

Fig. 3. — Réserve de boucher.

avec la pompe à main *n* l'eau de fusion de la glace.
Pour ce faire, le long du récipient extérieur *cc* on a

ménagé un tube SS d'un diamètre assez grand pour recevoir la pompe à main *n*, qui, introduite dans cette espèce de gaîne, permet d'extraire toute l'eau qu'il importe de retirer.

La dépense en glace avec cet appareil peut toujours s'estimer à 1 kilo par 5 kilos de viande, plus une fonte de 3 kilos par mètre carré de surface. Si donc le récipient a 1 mètre de diamètre et 2 mètres de hauteur, ce qui nous donne une surface de $7^{m},84$, la fonte due à la conductibilité des parois pourra se raisonner par une dépense de 21 à 24 kilos en vingt-quatre heures, pour une température moyenne de toujours 18 degrés.

Ces chiffres permettront de juger de l'opportunité qu'il y aurait pour chacun à établir de semblables installations. Il est bien évident qu'elles prendront d'autant plus d'intérêt et d'urgence qu'on se rapprochera des zones tropicales où la décomposition se produit rapidement. Quelques heures suffisent en effet, là, pour faire passer l'animal de l'état de vie à complète décomposition.

Mais l'utilisation de ces appareils ne constitue pas un procédé commercial. Ils sont bons à être employés localement. Dans l'état des choses, ce qu'il nous faut, c'est le moyen d'opérer sur des masses avec toutes les conditions de transport, d'arrivage, de sécurité, etc., etc., qui peuvent permettre des résultats positifs.

Ce moyen, l'emploi du froid sec nous le donnera, et c'est précisément à son étude que nous consacrerons les chapitres II et IV de la seconde partie.

Pour l'instant bornons-nous à signaler la possibilité d'utiliser ce moyen [1] et passons à l'examen du troisième mode, soit la dessiccation.

4. EMPLOI DE LA DESSICCATION. — La dessiccation est aussi connue de toute antiquité.

Il est probable même que de tous les procédés existants ce doit être le plus primitif.

---

1. Voici un exemple de cette possibilité.

Au début du siége il y avait encombrement d'animaux, mortalité considérable, urgence d'en sacrifier un grand nombre en un espace de temps très-court.

Profitant de l'expérience que j'avais acquise, j'indiquai les facilités que pouvaient fournir les glacières de la ville, en les transformant en magasins frigorifiques.

Évidemment il n'y aurait pas eu là un moyen aussi complet que celui que j'indiquerai plus loin, mais il y aurait eu cet avantage précieux, qu'on aurait pu conserver ainsi quelque temps, les quantités surabondantes de viande que momentanément produisait l'abatage.

On aurait constitué, dans ces conditions, de véritables ré-

Et, en effet, dans les chaudes latitudes qui furent le berceau des premiers âges, la dessiccation, surtout dans les voisinages de gisements de natron, put se produire spontanément et mettre ainsi les premiers peuples sur la voie d'un moyen économique de conservation [1].

Toutefois ce procédé n'est employé seul que très-rarement. Communément il est accompagné d'une salaison préalable plus ou moins énergique, mais qui a pour but de permettre à la viande mise à sécher de traverser la période altérable, c'est-à-dire celle qui sépare le moment où l'animal vient d'être tué, de celui où sa viande est réellement sèche.

La dessiccation naturelle a une très-grande importance.

serves régularisatrices entre la production et la consommation. Or c'était chose importante en présence de l'état maladif des animaux formant l'approvisionnement.

Cet avis n'a pas prévalu.

La préférence a été donnée à différents modes de conservation artificielle.

Je crois que plus tard il y a eu lieu de regretter cette préférence, qui a privé la population d'une quantité considérable d'aliments frais, lesquels il eût été possible de conserver.

1. M. Girardin raconte qu'en 1787 Wafer, chirurgien anglais, ayant débarqué à Vismejo, dans le Pérou, marcha environ pendant quatre milles sur le sable d'une baie qui était couverte de cadavres d'hommes, de femmes et d'enfants si serrés, qu'il

Dans l'Amérique du Sud elle fournit pour ainsi dire le seul débouché qui existe pour les animaux remplissant ces fertiles contrées.

Je ne m'arrêterai pas à décrire le moyen employé là, j'aurai à y revenir longuement dans le chapitre de cet ouvrage qui traitera de la dessiccation. Je veux simplement citer ce procédé, mais dire en même temps que s'il peut fournir aux esclaves, aux gens de couleur de l'Amérique du Sud, une alimentation grossière, il ne peut en rien suffire aux besoins de la consommation européenne.

M. de Lignac a préparé pour nos armées d'Orient de la viande desséchée et pulvérisée qui a rendu de très-bons services.

aurait pu, s'il eût voulu, marcher un demi-mille (800 mètres) sans jamais poser le pied ailleurs que sur un corps mort.

Leur apparence était celle de personnes mortes depuis une semaine au plus; mais au toucher on les trouvait aussi légères et aussi sèches qu'un morceau de liége.

C'étaient les restes d'une tribu d'Indiens qui, plutôt que de tomber aux mains des Espagnols, avaient creusé des trous dans le sable et s'étaient ensevelis vivants. Les hommes dans cette posture avaient avec eux leurs arcs brisés; les femmes, leurs rouets et leurs quenouilles entourées de coton. Tous en un mot avaient conservé leurs formes, leurs attitudes; la dessiccation seule avait agi sur eux, amenant ainsi leur conservation indéfinie.

Ces produits n'étaient qu'une imitation perfectionnée de ce qui se fait dans nombre de contrées habitées par des peuples nomades, où le transport aisé des aliments a de tout temps été une question de première nécessité.

Soit que la viande soit cuite, et desséchée ensuite, ce qui du reste facilite l'opération ; soit qu'elle soit comme le tasajo desséchée crue après salaison, on la réduit en poudre fine, puis on l'emballe en la tassant aussi fortement que possible dans les récipients qui doivent la renfermer.

Le pemmikan, si connu des peuples voyageurs, n'est pas autre chose que de la viande ainsi préparée et mélangée avec une certaine proportion de graisse.

Nous verrons plus loin que M. L. Soubeyran avait pendant le siége proposé de pulvériser le *tasajo*, pour le faire plus aisément accepter de la consommation.

Cette idée était opportune en ce qui concernait le moment difficile que nous avions à passer, mais elle ne serait pas acceptée dans les conditions ordinaires de la vie.

M. Tresca a de son côté fait des recherches

sur ce sujet et obtenu des résultats analogues.

Comme je l'explique dans ma note à l'Institut, répondant à la communication de M. Soubeyran (voir page 93), la pulvérisation de viande sèche ne constitue pas encore un procédé complet pouvant satisfaire nos populations.

C'est au contraire à remplir ce but qu'est consacré le procédé de la dessiccation, mais alors *par le vide* que j'ai imaginé.

Ce procédé rentre évidemment dans la catégorie que je décris, mais il diffère notablement de ses congénères et par le mode d'action employé et par les résultats obtenus, lesquels correspondent alors aux besoins généraux qu'il faut satisfaire en Europe. Nous consacrerons le chapitre V^e de la seconde partie à l'étude complète de ce procédé.

5. CUISSON DE LA VIANDE. — Ici nous arrivons sans contredit à une grande application. C'est à elle que sont dues les quantités de viande que consomme la marine, celles qui commencent à venir d'Australie, du Cap et de diverses autres provenances. Jusqu'ici, en un mot, ce mode était le seul rationnel qui pût nous faire arriver les produits éloignés.

Disons d'abord que si bien des méthodes se

présentent aujourd'hui, toutes ont pour principe le procédé imaginé par notre célèbre Appert.

Appert est un des hommes qui a rendu le plus de services à notre présente humanité.

Grâce à lui les voyages maritimes ont perdu, au point de vue de l'alimentation, une partie de leur côté fatiguant ou repoussant ; grâce à lui les armées peuvent au loin emporter des provisions ; le lointain peut nous envoyer partie de ses productions ; le confort peut pénétrer en bien des lieux. Enfin, pendant le siége, c'est encore à ses procédés plus ou moins modifiés qu'ont été dus les meilleurs produits conservés et les plus durables.

A tous ces titres, Appert a rendu des services qui ne sauraient être oubliés, et c'est parce que dans maintes contrées on cherche à déguiser, sous des méthodes en apparence différentes, les indications par lui données, que je tiens à préciser la part qui lui revient dans la préparation des viandes cuites, conservées.

Je vais en quelques mots préciser le système par lui imaginé.

Appert avait attribué à l'influence de l'oxygène de l'air la décomposition des aliments. Nous allons voir que, tout en se trompant sur ce principe, il n'en a pas moins été conduit à innover une méthode excellente en ses résultats.

Partant de l'idée que j'indique, il avait pensé à placer les objets dans des récipients hermétiques, — bouteilles, — boîtes en fer-blanc, — etc., etc., à emplir ces capacités, à les fermer convenablement et à les soumettre ensuite à l'action plus ou moins prolongée de la chaleur, par une immersion dans un bain-marie maintenu à l'ébullition.

Dans ces conditions, l'absorption du peu d'oxygène restant dans l'air devait, suivant lui, être immédiate et les produits se conserver indéfiniment.

Ce résultat fut en effet obtenu, et d'une manière tellement complète que, jusqu'à vingt ans et au delà, on a pu conserver ainsi des aliments sains.

Le procédé était donc excellent en lui-même, le principe seul sur lequel on le basait était inexact.

Pendant longtemps néanmoins il fut admis. Mais vinrent les travaux de M. Pasteur qui, eux, firent connaître la véritable cause des fermentations.

Cette cause, ce n'était pas du tout l'oxygène comme on le supposait, mais bien les germes, les sporules qui, constamment charriés par l'air, trouvent dans les substances organiques l'élément propre à leur implantation et à leur développement.

M. Pasteur fit plus, il fit connaître que la chaleur rendait inertes ces spores et que, pour obtenir ce résultat, une température de 55 à 60 degrés était suffisante.

En opérant à 100 degrés, en ayant soin de fermer préalablement ces vases pour éviter toutes nouvelles rentrées d'air, Appert avait donc réuni les conditions désirables pour la destruction des germes, et par conséquent obtenu la conservation. Aussi, si la théorie a dû depuis se modifier, la pratique, elle, n'a pas eu à changer sensiblement ses applications.

Dire en effet qu'il n'y a pas certaines précautions à prendre pour appliquer la chaleur dans des conditions plus rationnelles, pour déterminer la durée de cette application ou son intensité suivant la nature de l'aliment à conserver, son volume, etc., ce ne serait pas être exact.

A ces différents titres, à celui non moins intéressant de la fermeture des boîtes, un grand nombre d'observations ont pu être faites et des méthodes plus ou moins sûres ont été déduites; mais le principe du système, c'est-à-dire la destruction des germes, est toujours resté immuable, et ce principe c'est à Appert qu'en est dû l'application.

Je n'ai pas besoin de dire qu'il permet de varier

infiniment la nature des préparations. Tantôt les aliments sont conservés presque sans accommodement; tantôt, au contraire, ils sont préparés de telle sorte qu'il n'y ait qu'à les réchauffer pour les servir. Quel que soit le but atteint, ce procédé comporte toujours, inhérent à sa nature, les trois inconvénients qui suivent :

1° La nécessité de boîtes coûteuses à établir, exigeant une installation spéciale pour les fabriquer;

2° Celle de cuire les aliments à un certain degré;

3° Enfin de leur laisser un goût qu'on ne peut qualifier de désagréable, mais qui reproduit par toutes les préparations, fatigue à la longue ceux qui sont obligés d'user fréquemment de ce genre de comestible.

En ce moment il arrive d'Australie des quantités assez considérables de conserves de cette nature, lesquelles se vendent sur le pied de :

Fr. 1,40 le kilo de mouton.
Fr. 1,60 le kilo de bœuf.

Ces prix ne sont pas élevés, surtout si l'on considère que la viande est livrée sans os. Mais l'inconvénient que je viens de signaler éloigne les consommateurs, puis les boîtes une fois ouvertes, ne se conservent pas sans quelques précautions.

La viande cuite présente du reste, à la consommation, certains inconvénients. Quand elle n'est pas suffisamment bien préparée, elle est facilement envahie par un petit champignon *la sarcina botalina*, assez vénéneux pour causer des accidents graves et parfois des cas de mort.

Il faut se méfier des viandes cuites avancées, surtout couvertes de moisissures. Mais ces moisissures ne sont pas toujours apparentes (elles sont ordinairement verdâtres), et c'est alors que le mal se produit aisément.

Tout cela fait que la vente de ces produits reste languissante. Aussi, tout en rendant justice à la méthode Appert, convient-il de faire remarquer que ce n'est pas encore elle qui peut donner la solution cherchée.

En effet, ce n'est pas de la viande cuite que veut, qu'exige la vie de famille. La viande cuite est bonne pour les voyages, pour quelques cas spéciaux, comme le siége que nous venons de subir; mais pour la vie habituelle, ce qu'il faut, c'est de la viande à l'état naturel, telle, en un mot, qu'elle se rencontre partout, à la condition toutefois de la fournir à bon marché. Or c'est là le but que nous pouvons atteindre, et que ne peuvent satisfaire les conserves en boîtes, quelles que soient d'ailleurs leur excellente qualité.

6. Emploi de l'alcool, du vinaigre, de l'acide sulfureux, de l'acide phénique, etc. — Les deux premiers produits sont d'excellents antiseptiques; mais, disons-le de suite, ils ne peuvent être utilisés en ce qui concerne l'alimentation générale. En effet, très-bons pour conserver certains condiments, pour préparer des fruits, pour collectionner des pièces anatomiques ou d'intérêt scientifique, ils ne peuvent être employés pour conserver la viande en tant que produit alimentaire.

Ce que je dis du vinaigre s'applique à tous les acides. Tous ont des propriétés antiseptiques bien marquées, mais n'ont et ne peuvent avoir d'application sérieusement pratique.

L'acide sulfureux seul peut échapper à cette proscription.

Dégagé dans des locaux où la viande est pendue, son action conservatrice se manifeste nettement.

Toutefois il y a avec les tissus une certaine combinaison qu'on ne saurait empêcher. Si surtout l'action est longtemps maintenue, cette combinaison tend à s'exercer largement, et très-probablement même à amener une formation assez notable d'acide sulfurique. circonstance qui doit appeler l'attention des opérateurs.

En somme. l'acide sulfureux, préconisé depuis longtemps à ce point de vue. n'a rendu encore aucun service certain. Cette circonstance doit tenir à ce qu'en grand l'inconvénient que je signale en empêche l'application, et qu'en petit la difficulté d'emploi d'un corps désagréable à manier en fait repousser également l'utilisation.

L'acide phénique a été à son tour préconisé.

Il est certain que ce produit est doué de propriétés antiseptiques considérables.

Mais de là à ce que son usage permette de constituer un aliment sain, nutritif, ne présentant à l'alimentation aucun danger, il y a loin.

Ajoutons à cela que l'odeur possédée par l'acide phénique ne peut disparaître qu'avec des lavages successifs, et que ces lavages altèrent toujours la qualité de la viande.

7. ENROBAGE PAR LA GÉLATINE. LA PARAFFINE , LA FARINE. ETC.. ETC. — La gélatine, substance imputrescible lorsqu'elle est suffisamment dessé-

chée, a paru être un excellent moyen d'action.

On formait avec son aide des bouillons très-concentrés dans lesquels on introduisait la viande à conserver.

Les résultats ont toujours été négatifs quand on n'a pas joint à la viande d'autres substances antiseptiques [1].

M. de Lignac s'est servi de ce procédé, mais pas isolément. Il plaçait la viande dans des boîtes en fer-blanc, par quartiers, pouvant aller jusqu'à 8 et

1. Ces lignes étaient écrites quand est tombé sous mes yeux un numéro du *Bulletin des sciences de la Société d'agriculture de France*, traitant justement cette question. Voici textuellement ce qui a été dit sur ce sujet :

« M. CHEVREUL cite un procédé qui consiste à plonger des gigots dans des bains de gélatine concentrée, puis à les exposer au sec pour qu'ils soient recouverts d'une couche de gélatine suffisamment épaisse pour préserver la viande du contact immédiat de l'air.

« M. PAYEN a appliqué ce procédé avec succès à un aloyau de bœuf, qui est depuis de longues années dans un parfait état de conservation; mais il y a une condition indispensable pour obtenir avec ce procédé de bons résultats : c'est que les morceaux ainsi préparés demeurent suspendus à l'air libre, à l'abri d'une humidité trop forte et sans toucher à aucun corps solide : or ces conditions ne permettraient pas le transport dans des emballages quelconques. Effectivement toutes les viandes ainsi enrobées de gélatine, puis expédiées dans des caisses à l'époque de la guerre de Crimée, sont arrivées en pleine putréfaction.

10 kilos, puis remplissait les intervalles vides par le bouillon gélatineux. Ceci fait, il fermait les boîtes et les soumettait à une température pouvant atteindre jusqu'à 105 et 108 degrés. Comme on le voit, le rôle de la gélatine était là tout à fait accessoire, c'était surtout l'action de la chaleur qui agissait et j'en ai indiqué d'autre part les conséquences comme l'influence.

La paraffine est également un corps parfaitement inerte; on a prétendu, avec son aide, avoir conservé de la viande.

Je doute que ce résultat soit certain. En tout cas, par son prix qui augmenterait notablement si l'industrie en tirait un parti autre que celui auquel elle est destinée, elle ne peut entrer comme élément dans une sérieuse exploitation.

Ajoutons à cela que les particules de paraffine qui resteraient dans la viande, et qu'on rencontrerait dans les aliments, suffiraient à faire suspecter le produit. Rien donc encore à faire de ce côté.

La farine est employée en Amérique pour saupoudrer les tranches de viande exposées à la dessiccation; mais son action est plutôt d'absorber les liquides qui peuvent suinter, de préserver la viande du contact des insectes, que d'exercer par elle-même une action préservatrice. En un mot, ce peut être un agent concourant à un résultat, mais ce n'est pas un moyen.

Voici du reste ce que dit sur ce sujet M. Schnepp :

« J'ai essayé aussi, d'après les indications de M. Boussingault, le procédé qui consiste à sécher les viandes après les avoir saupoudrées avec de la farine de maïs, mais il ne m'a pas donné de bons résultats. »

A la série des enrobages nous pouvons joindre les graisses et les huiles, la glycérine, la mélasse, etc.

L'emploi de l'huile est excellent, mais coûteux en ce sens que la bonne huile est chère, que de plus il faut des boîtes en fer-blanc, des emballages multiples ; toutes choses qui limitent aux produits de luxe, comme le thon, les sardines, l'application de ce moyen. Ensuite la viande conservée dans l'huile ne serait plus propre aux usages de la cuisine ordinaire ; or, ne l'oublions pas, ce que nous voulons, ce qu'il faut, c'est de la viande de boucherie.

Les graisses fines font d'excellentes conserves, mais cuites, ce qui n'est plus notre affaire. On forme avec leur aide des pâtés, des préparations recherchées, mais on ne fait pas de viandes ménagères.

La *glycérine*, la *mélasse* ont été également utilisées. Le but a toujours été la privation d'air par l'imbibition dans un milieu incorruptible et anodin.

Mais, outre que l'emploi de ces corps exige aussi des lavages qui ôtent à la viande sa qualité, ils ne constituent pas un moyen certain d'action. En effet, les germes qu'a reçus ou que contient la viande ne sont pas détruits par leur action ; ils peuvent donc se réveiller dès qu'une température suffisante se produit.

C'est parce qu'on n'a pas su tenir assez compte de l'influence de la température qu'en bien des cas on a cru à des succès qui ne se sont pas maintenus, dès qu'il a fallu faire subir aux produits préparés des conditions normales.

8. Injection de liquides préservatifs. — Ici nous entrons dans une série de procédés plus multipliés les uns que les autres.

Tantôt c'est un liquide créosoté qu'on emploie ;

Tantôt un sulfite en solution ;

La plupart du temps ce sont des compositions plus ou moins secrètes.

Quelle que soit la nature de la préparation, le mode d'application consiste à l'injecter dans le système vasculaire de l'animal. C'est en un mot un véritable embaumement, exigeant presque toujours, au moment de l'emploi des lavages ou des préparations que n'accepteront jamais les mères de famille.

Ce dernier fait a plus d'importance qu'on ne lui en accorde généralement.

La mère de famille est la sentinelle avancée de la santé des siens.

Tout ce qu'elle suspecte, elle le repousse impitoyablement.

Quand on voit le sel, ce condiment si ancien, produire dans la viande de notables changements et dans l'économie des désastres graves lorsque son usage est exclusif, on ne peut la blâmer de cette sévérité.

La première condition pour donner satisfaction à la consommation est donc de présenter des produits absolument purs de toutes matières étrangères. Cet objectif ne devrait jamais être perdu de vue quand il s'agit de préparations alimentaires. Il a été pour nous une loi absolue. La suite de cet ouvrage montrera que dans aucune de nos applications nous ne nous sommes écartés de ce principe.

9. Emploi du vide ou d'atmosphères artificielles. — L'emploi du vide a été et est encore le but des recherches de beaucoup d'inventeurs.

Disons de suite que le vide, j'en ai fait l'expérience, n'est pas un moyen certain de conservation. La putréfaction se produit même dans un vide de quelques millimètres, quand l'action de la chaleur devient intense. Nous verrons, dans le chapitre Ier de la IIe partie, la raison de ce phénomène.

De plus, si le vide est très-difficile à produire, il est encore plus difficile à conserver ; à tous titres, ce moyen ne peut nous arrêter.

A défaut de vide on a essayé d'utiliser des atmosphères inertes, formées soit d'azote, soit d'oxygène.

La viande ne présentait pas de corruption apparente, mais son altération n'en était pas moins prononcée. Mon ami M. Rigollot, qui a rendu de si grands services à la pharmacopée et aux malades par son papier sinapismal, a étudié longtemps l'emploi de l'azote. Je tiens de lui-même que, quels que soient les soins apportés à la préparation de ce gaz et à sa parfaite substitution à l'air atmosphérique, les résultats ont toujours été négatifs.

Tous ces procédés sont d'ailleurs très-difficiles à appliquer, de plus ils produisent des résultats fort irréguliers; nous en verrons encore la raison dans le chapitre consacré à la putréfaction. Ils ont enfin pour conséquence l'emploi de récipients sur lesquels j'ai déjà dit quelques mots, me réservant d'y insister plus complétement : je veux parler des boîtes hermétiques dans lesquelles il faut loger ces produits.

Ces boîtes, dont la production en Europe, constitue une grande industrie, sont en fer-blanc.

Leur production est arrivée en nos pays à une limite de bon marché relative. Mais ce bon marché, déjà à considérer quand il s'agit de produits ordinaires devant être livrés à la consommation ménagère, disparaît et devient au contraire un obstacle sérieux quand il faut opérer dans des contrées éloignées, primitives, telles que se présentent les Pampas de l'Amérique et du Cap, les steppes de la Russie, etc., etc.

Or c'est cependant là qu'il faut aller chercher la viande.

Une de nos plus grandes préoccupations a donc été de nous débarrasser de cette nécessité. En effet, c'est dans des conditions simples, ordinaires, que nous pouvons agir, circonstance qui assure aux produits expédiés une émission facile sur n'importe quels marchés.

10. Utilisation de mixtures préservatives.
— L'utilisation de mixtures préservatives a été encore un des moyens le plus préconisé.

Ce procédé, qui a beaucoup d'analogie avec celui basé sur l'injection de produits antiseptiques dans le circuit vasculaire, présente les mêmes inconvénients; aussi a-t-il été et, quoi qu'on fasse, sera-t-il toujours également suspecté par la consommation.

La créosote, certaines compositions aromatiques, sont utilisées en ce sens.

M. Pagliari emploie une mixture d'alun, de benjoin et d'eau.

Suivant lui, une simple couche appliquée sur la substance animale, que l'on abandonne ensuite à l'air libre, suffit pour empêcher son altération.

M. Pagliari explique l'influence conservatrice de sa mixtion en supposant que la liqueur, en se desséchant, couvre les chairs d'une sorte de trame invisible à l'œil nu, laquelle agirait à la manière d'un filtre antiseptique, ne donnant accès qu'à l'air pur.

A la rigueur nous pourrions admettre cette donnée en ce qui concerne les germes atmosphériques, mais nous croyons que cette trame ne résisterait pas à l'action des mouches et autres insectes. Nous pensons qu'elle est absolument sans objet contre les germes internes que peut contenir la viande. Nous croyons que l'ingestion répétée de l'alun pourrait avoir sur l'économie une influence redoutable. Enfin, si nous ajoutons à ces inconvénients les difficultés qu'offre le transport de ces sortes de préparations, si nous songeons aux chaudes latitudes qu'il faut pouvoir traverser, nous verrons que ce n'est pas par de simples mixtures extérieures que nous pourrons combattre les causes d'infection que nous avons à redouter.

M. Gorges a préconisé un moyen mixte consistant dans l'immersion de la viande dans un bain d'acide chlorhydrique très-dilué (2 ou 3 0/0), avec lavage ultérieur dans un autre bain de bisulfite de soude.

Ce procédé est rationnel en son principe.

D'une part on obtient avec son aide une légère salaison ;

D'une autre un dégagement d'acide sulfureux ; dégagement dont on peut prolonger l'action en remplaçant le bain de bisulfite par un saupoudrage d'une mixture contenant le corps à l'état solide. Il y a donc bien en effet, dans ce procédé, deux éléments de conservation.

Mais il faut tenir compte de la faculté dissolvante, de l'altération en un mot qu'exerce l'acide chlorhydrique sur la fibrine. De plus il faut des boîtes à conserves parfaitement closes.

M. Liès-Bodard emploie le sulfite de soude en solution autour de la viande. Le sulfite, toujours enfermé dans des boîtes de fer-blanc, s'oxyde, se change en sulfate de sodium, qui devient l'agent préservateur.

Comme on le voit, c'est une sorte de salure dans laquelle le sulfate de soude est substitué au chlorure de sodium (sel de cuisine). Seulement l'emploi du sel marin n'a à faire redouter aucune conséquence nouvelle, tandis qu'il n'en saurait être de même d'un produit dont nous ne pouvons apprécier l'action répétée sur l'organisme.

Quelles que soient les mixtures employées, nous rentrons, pour tous ces procédés, dans la question des produits chimiques, et j'ai dit ce que je pensais de l'emploi de ces substances et de l'accueil qui leur était réservé par le public.

Voyons à terminer cette revue par quelques mots sur les extraits de viande, qui se préparent en divers lieux.

11. Extraits de viande. — Y a-t-il là un aliment sérieux pouvant prendre place dans l'alimentation ordinaire?

Nous n'hésitons pas à dire non!

Et à le dire d'une manière d'autant plus énergique, que la réclame, s'emparant de ce produit, trompe à chaque instant avec son aide la bonne foi publique.

Ce fait est d'autant plus grave, que, même dans les conditions où il est présenté, cet extrait ne constitue pas un aliment vrai.

L'estomac, en effet, n'est pas constitué pour assimiler des produits ainsi concentrés.

L'appareil digestif est un tout, dont toutes les parties ont une concordance parfaite. Qu'on en supprime une, un trouble se produit aussitôt dans l'organisme.

L'un de nos plus éminents chimistes, M. Dumas, citait dernièrement au sujet de l'alimentation un fait qui vient corroborer ce que j'indique.

Le comte de Rumfort s'était beaucoup occupé de l'alimentation des pauvres. Dans un but philanthropique, il faisait préparer et distribuer des soupes que, pour rendre meilleures et plus nutritives, on faisait mitonner autant que possible. Or il arriva ce résultat, que ces soupes paraissaient généralement peu nourrissantes.

Rumfort changea de méthode. Au lieu de réduire par la coction le pain pour ainsi dire à l'état de bouillie, il le fit frire de manière à lui donner plus de consistance.

La conséquence de cette opération fut que la mastication, qui était nulle auparavant, devint une nécessité.

Mais la mastication, en se produisant, excitait une abondante salivation.

Or la salive n'est pas étrangère à la digestion.

Elle lui est au contraire nécessaire.

Entraînée avec l'aliment, celui-ci fut dès lors mieux digéré, et c'est ainsi que le même produit, mais préparé d'une manière plus rationnelle, *plus conforme aux besoins de l'organisme,* donna à l'assimilation des résultats bien supérieurs.

Ce que je viens de citer pour la mastication a lieu pour l'estomac.

Ses replis n'ont pas pour unique but de présenter la seule faculté d'emmagasinement. Il s'y forme par le passage des aliments, des frottements, des contractions, qui excitent les sécrétions utiles, nécessaires. C'est ainsi qu'il faut à l'homme, pour se nourrir convenablement, non-seulement une certaine qualité dans la nourriture, mais encore un certain volume et une diversité de substances qui permettent à toutes les fonctions nutritives de s'exercer.

N'oublions pas que précisément parce que l'homme est *omnivore,* que son estomac a les facultés digestives les plus étendues, qu'il est le moins fait pour une alimentation aussi concrète, je pourrai dire aussi idéale.

Ainsi donc, nous admettrons très-bien que ces extraits puissent être utilisés pour les malades, pour les voyages, pour les armées, pour préparer hâtivement un potage, mais nous disons qu'en aucun cas ils ne sauraient suppléer la viande de boucherie, en un mot, le vrai pot-au-feu.

En effet, la longue ébullition à laquelle il faut soumettre ces matières pour arriver à les concentrer fait que l'arome s'échappe, entraîné par les vapeurs. Il ne reste plus que la matière extractive.

En vain opère-t-on à de basses températures. Le mal est moins grand alors, mais il se manifeste quand même. Il n'est pas possible, dans une semblable opération. d'empêcher les vapeurs de s'échapper autrement qu'imprégnées du milieu dans lequel elles ont pris naissance.

Or ce qui de ce milieu s'échappe le plus aisément, ce sont précisément les principes sapides, odorants.

Je le répète donc, les extraits de bouillon peuvent rendre quelques services que j'ai plus haut énumérés; mais il faut bien se garder de leur donner une valeur autre que celle-là. Elle n'existerait pas.

Je n'hésite donc pas à dire que lorsque ces extraits sont présentés comme étant, sous la puissance de 1 kilo, l'équivalent de 30 et 40 kilos de viande, ce qui chaque jour est annoncé aux populations, il y a non-seulement erreur, mais mensonge, car l'extrait ne peut contenir qu'une très-petite partie de matière soluble et n'entraîne rien de la matière fibreuse, musculaire, qui constitue la chair. c'est-à-dire *la viande*.

L'extrait de viande était connu du reste depuis longtemps. M. Liebig, en prêtant son nom à cette opération. en indiquant des procédés plus rationnels de préparation. a permis à la vogue de s'emparer de ce produit et d'en faire une sorte de nouveauté. mais en résumé le fait est resté le même, et les objections que je viens d'énumérer frappent aussi bien l'extrait vendu sous son nom que tous ceux portant d'autres marques.

J'en dirai autant des biscuits faits avec du bouillon concentré, des pastilles dites d'Osmazôme, etc., etc., enfin de tous produits ayant pour base l'emploi de sucs de viande plus ou moins concentrés.

Quels que soient les noms et les étiquettes dont on puisse décorer ces produits, il n'y aura toujours là que des aliments incomplets, imparfaits, pouvant tromper la faim, l'estomac, le public, mais jamais réparer les forces.

Terminant cette revue rapide, nous voyons que, malgré la diversité des moyens proposés, et nous en avons passé, il n'y en a pas un qui résolve le problème, c'est-à-dire qui puisse fournir à bon compte de la viande venue de loin, de la viande avec ses os, ses tendons, sa graisse, ses tissus adipeux etc., etc., le tout à l'état naturel.

Les moyens dont je vais entreprendre la description permettent au contraire d'atteindre ce résultat. Ils donnent en conséquence satisfaction au besoin peut-être le plus impérieux de notre vieille Europe, et méritent ainsi attention, aussi bien par les services à rendre aux populations que par les résultats que recueilleront les capitaux engagés dans leur exploitation.

C'est à démontrer l'exactitude de cet énoncé que vont être consacrés les chapitres suivants. Nous y trouverons en même temps quelques données sur le transport des animaux vivants et leur importation en France. Opération en apparence facilement réalisable et sur laquelle il importe de fixer l'opinion.

CHAPITRE II

12. Généralités. — Je viens de passer en revue les principaux procédés proposés jusqu'ici pour la conservation des viandes.

Je vais dans ce chapitre aborder ceux dont je préconise l'emploi, et qu'il me faut plus spécialement décrire.

Avant d'entrer dans leur description technique et détaillée, je crois utile d'en présenter une analyse succincte. L'esprit étant ainsi plus aisément frappé, les développements dans lesquels j'aurai plus tard à entrer se comprendront plus aisément.

Pour ce, je ne puis mieux faire que de reproduire trois communications adressées sur ces sujets à diverses sociétés savantes :

La première est une communication faite à l'Académie des sciences le 6 décembre 1870, elle avait pour but d'indiquer tous mes moyens en les résumant;

La deuxième est une note présentée à la même société et relative à quelques observations de MM. Soubeyran, Morin et Payen. Elle a plus spécialement trait à la dessiccation.

Enfin la troisième, adressée à la Société d'acclimatation, répond à une observation de M. de Quatrefage, et a pour objet de préciser le résultat que j'entends obtenir par l'emploi de la graisse.

Nous allons immédiatement aborder ces différents sujets.

§ 1.

Note analytique adressée à l'Académie des sciences le 6 décembre 1870.

13. EXPOSÉ. — Une question presque aussi importante que celle de la défense se présente actuellement : je veux parler de l'approvisionnement du pays, en viande.

Deux circonstances se sont malheureusement réunies cette année pour rendre de première urgence cette préoccupation :

L'une est le manque de récoltes, de fourrages,

qui dès le printemps forçait les éleveurs à sacrifier leurs bestiaux ;

L'autre est la guerre, qui est venue ajouter sa désastreuse influence à une situation déjà engagée[1].

En cette occurrence, un moyen nous reste : c'est de jeter les yeux sur les contrées plus favorisées et d'en faire venir l'élément qui nous manque.

Mais pour réaliser cette intention il nous faut des moyens de conservation certains, pratiques. Ces moyens, je crois pouvoir les indiquer, et c'est des résultats que j'ai obtenus à ce sujet que je viens entretenir l'Académie.

Avant toute chose, qu'il me soit permis d'énoncer un principe que je considère comme absolument rigoureux en fait de conservation de viande.

Ce principe est d'opérer en la préservant de toute addition de substances étrangères.

Je ne veux faire ici la critique d'aucun système, je dirai seulement que les nombreux malaises, ou plutôt, pour dire plus vrai, les indispositions qu'a amenées ces jours derniers l'ingestion des viandes préparées depuis le siége, viendraient corroborer cette assertion, si la répulsion naturelle qu'oppose

1. Une troisième a malheureusement surgi depuis que ces lignes étaient écrites : c'est le typhus qui menace d'étendre loin ses ravages.

la confiance publique à tout ce qui est préparé n'était un suffisant motif.

Partant de ce principe, c'est donc de viande conservée, absolument pure de tout antiseptique, qu'il va s'agir ici.

La description succincte que je vai s faire de mes moyens confirmera du reste cet énoncé.

Ces moyens se résument en deux sortes de traitements qui correspondent chacun à des besoins spéciaux :

Le premier a pour objet l'emploi unique du froid; il doit être appliqué à la viande destinée à la consommation des grands centres.

Le second est basé sur la dessiccation rationnelle de la viande dans le vide;

Les produits qu'il peut fournir doivent plus particulièrement être affectés au service des armées, de la marine, à la consommation des populations de l'intérieur.

14. CONSERVATION PAR LE FROID. — Tout le monde connaît l'influence du froid sur la conservation des substances animales, et le trafic important que produit en Russie le commerce de viandes et de poissons gelés.

Toutefois ce n'est pas là le moyen même que

nous aurions à employer. La viande gelée doit, sous peine de rapide décomposition, être employée encore solidifiée. Sa conservation et sa vente au détail, sous cet état, présenteraient chez nous trop de difficultés.

Ce qu'il faut, c'est maintenir à 0°, au plus à — 1°, la température du local dans lequel est emmagasinée la viande.

Dans ces conditions elle se conserve presque indéfiniment et peut, lorsqu'on la sort de cette froide atmosphère, rester vingt-quatre à trente-six heures exposée à la température ambiante, ce qui est plus qu'il ne faut pour en permettre la vente et la consommation.

A l'appui de cet énoncé, je vais citer le résultat d'expériences par moi faites, me déclarant non-seulement prêt à en prouver l'exactitude, mais encore à recommencer sous les yeux de l'Académie, si elle le veut bien, les expériences énoncées.

J'ai conservé pendant six semaines, temps plus que suffisant pour faire venir les produits de la Plata : de la viande fraîche, du bœuf, du mouton, du gibier (poil et plume), du poisson. Le tout au bout de ce temps a été mangé dans un dîner auquel assistaient MM. Richard (du Cantal), de Lavalette, de Valserres, Vianne, Maurial, etc.. etc. Le bœuf avait servi à faire le potage et un rôti, le gibier un civet, le mouton un rôti ; le tout, sauf le poisson, a été trouvé de bonne qualité.

Le poisson, qui était un bar, exige une observation que voici : sa chair n'était nullement attaquée, mais à force d'avoir été touché, montré, sorti de la chambre à froid, il avait pris ce que les restaurateurs appellent un goût d'évent. Il est facile de comprendre que cet inconvénient disparaîtrait avec une exploitation régulière, et qu'avec ce moyen, les côtes de Norwége nous livreraient pour presque rien l'excellent poisson qui y abonde, entre autres le saumon, qui n'a là-bas qu'une valeur insignifiante et constitue un manger aussi agréable que nourrissant[1].

1. Le dîner dans lequel furent consommés les aliments dont je viens de parler était une réunion mensuelle d'écrivains agricoles et de cultivateurs. Elle était désignée sous le nom de *Dîner des Cultivateurs.*

Une commission fut nommée par la réunion pour vérifier les appareils, le mode de conservation. Cette commission, présidée par M. Richard (du Cantal), se transporta à l'établissement de MM. Sautter et Cᵢᵉ, où était en fonction un appareil destiné à tenter une expérience vers l'Amérique.

Cette expérience fut effectivement faite à bord d'un vapeur anglais. Un accident, survenu à la machine par un défaut de surveillance, la limita à une durée de vingt et un jours de mer,

L'expérience ne s'arrêta pas là. Un gigot, des perdrix (non vidées) furent conservés sept semaines.

Le gigot fut mangé rôti chez M. Gelot, dans un dîner auquel assistait M. de Valserres. Son goût était naturel; en le découpant le jus sortait sous le couteau, peut-être seulement était-il un peu ferme. Quant aux perdrix, elles étaient excellentes et n'avaient pas atteint la période dite faisandée.

Enfin une autre pièce de viande, un gigot fut

pendant lesquels un fort gros temps fut supporté; le navire alla même à la côte.

Quoi qu'il en fût, la preuve matérielle du mérite de ce genre de conservation fut encore une fois donnée.

L'expérience ne fut pas en effet limitée par la détérioration des substances, mais par la rupture d'une pièce de la machine, accident qui peut être aisément prévenu dans une construction régulière.

De plus, il résulta de cette tentative un fait qui ne s'était pas encore produit : le transport de viande fraîche d'Europe jusqu'au delà de l'équateur, c'est-à-dire au delà de latitudes où, *en six heures seulement, la viande se corrompt.*

Ce résultat, dû à une première tentative toujours environnée d'imprévu, montre l'immense intérêt qui se rattache à ce moyen d'action, et prouve qu'il est destiné à donner :

A l'Europe l'abondance qui lui manque;

Aux plaines du nouveau monde la valeur qu'on est en droit d'attendre de leur richesse et de leur fécondité.

poussé jusqu'à neuf semaines, il fut mangé chez M. de Lavalette et trouvé bon.

Le froid employé n'est pas produit par l'usage de la glace. La glace, en effet, donne un froid humide qui, alors même qu'elle ne serait pas en contact direct avec la viande, n'agit pas efficacement. De plus, le refroidissement produit par elle n'est pas suffisamment énergique. Elle ne transmet pas aux corps à conserver une influence frigorifique suffisante.

Ce que j'emploie, c'est un courant d'air froid amené directement un peu au-dessous de 0°, ou des courants liquides à — 8° ou — 10°, qui, saisissant l'atmosphère, congèlent l'humidité qu'elle renferme, la dessèchent et abaissent rapidement sa température, fournissant ainsi les résultats cherchés.

Dans cette condition, non-seulement l'atmosphère est constamment purifiée des miasmes organiques qu'elle renferme, mais une légère et lente dessiccation se produit, dessiccation qui vient aussi aider à la conservation (environ 10 pour 100 en poids pour six semaines).

Tout le mécanisme de l'opération consiste donc, on le voit, à constituer de simples magasins froids. Ces magasins peuvent être la cale d'un navire, l'intérieur d'un wagon, un local quelconque. *Ce qui importe seulement, c'est que la température y reste fixe entre 0° et — 1°,* c'est-à-dire au point où l'eau en suspension dans l'atmosphère est solidifiée, tandis que celle renfermée dans les tissus se maintient liquide, préservée qu'elle est de la congélation par les substances en solution dans elle.

Je dois ajouter que ce mode n'implique pas la nécessité de ne pouvoir sortir la viande. On peut la transborder, la décharger, lui faire subir toutes les manipulations utiles, les abrégeant toutefois autant que possible. Quant au délai final concernant la vente et la consommation, on peut compter sur au moins trente-six heures entre la sortie de la réserve et la cuisson, temps plus que suffisant pour la vente et l'approvisionnement.

15. Conservation par la dessiccation. — La dessiccation naturelle est encore un moyen connu depuis longtemps pour conserver la viande.

En Amérique, toujours sur les rives de la Plata, où le bétail est si abondant que la peau et les matières cornées y constituent seules la valeur d'un bœuf, on prépare des quantités de viandes desséchées, qui, sous le nom de *tasajo,* sont vendues à l'intérieur et forment l'alimentation des nègres.

Mais, disons-le de suite, ce mode de traitement

est tout à fait barbare. Le produit qu'il donne est profondément modifié, la viande ne peut plus faire de bouillon, à aucun titre elle ne pourrait prendre place dans la consommation européenne, où vainement et à diverses reprises on a cherché à l'implanter.

Deux inconvénients principaux caractérisent ce procédé:

1° Le soleil dessèche bien la viande, mais il n'opère pas en la laissant fraîche. Quoique préalablement salée, elle subit au contraire, sous l'influence solaire, une altération continue qui ne cesse qu'avec une extrême dessiccation. Par le fait même de la préparation, sa qualité est donc notablement diminuée ou, pour mieux dire, *dénaturée*.

2° Exposée à l'air, par conséquent aux insectes qui fourmillent en ces primitifs climats, elle reçoit de la plupart d'entre eux le dépôt de leurs œufs. Quand le printemps arrive, tout cela se réveille et la substance même qu'il s'agissait de sauvegarder sert à l'alimentation des germes qui se sont développés. Elle tombe en poussière.

J'ai voulu procéder autrement et, pour éviter ces inconvénients, opérer à de basses températures et en vases clos.

Pour obtenir ce résultat, je place la viande dans le vide, en présence d'un absorbant, soit chlorure de calcium, acide sulfurique, etc. L'appareil est, bien entendu, disposé pour éviter tout contact de ces substances avec la viande. Dans ce but, il est formé de deux capacités distinctes réunies par un tube à large section. L'une reçoit la viande, l'autre l'absorbe. Dès lors toutes préoccupations relatives au contact qui se pourrait exercer disparaissent immédiatement.

La production du vide n'est pas chose indifférente. D'une part, il faut qu'il soit aisément fait, si l'on veut que la pratique puisse utiliser ce moyen. D'une autre, il faut qu'il soit parfait en ce qui concerne l'air, et voici pourquoi :

La chaleur est pour la viande une cause d'altération, *même dans le vide*. A 30° ou 40° j'ai maintes fois vérifié ce fait. Il faut donc opérer à basse température, soit vers 12° à 15°.

Mais à cette température, la tension de la vapeur d'eau est très-faible, et si l'on considère que le suc de la viande qu'il faut concentrer par cette opération est formé, outre l'eau, de sels, d'albumine, etc., etc., toutes matières qui tendent à retarder la formation des vapeurs, on comprend l'importance qu'il y a à soustraire tout l'air qui, lui aussi, atténuerait la vaporisation, par conséquent le dessèchement.

Pour satisfaire à toutes ces conditions, voici le moyen simple que j'emploie :

Avec une machine pneumatique, assez robuste pour faire partie du matériel d'un atelier, j'enlève tout l'air que je puis. J'arrive ainsi à une raréfaction correspondante à une tension de 2 à 3 centimètres de mercure.

Ceci fait, je laisse introduire dans l'appareil une certaine quantité d'acide carbonique, préalablement préparé et emmagasiné, sous un gazomètre. Je forme ainsi une nouvelle atmosphère intérieure, laquelle contient environ 3 pour 100 d'air et 97 pour 100 d'acide carbonique; à son tour je l'enlève avec la machine pneumatique.

Le résidu, toujours correspondant à la tension de 2 à 3 centimètres de mercure, ne contient plus qu'une infime proportion d'air, il est presque complétement formé d'acide carbonique.

Néanmoins je lave encore une fois l'intérieur par un deuxième courant d'acide carbonique, lequel est à son tour enlevé par la machine pneumatique.

Arrivé de nouveau à la limite du pouvoir de cette machine, il est permis de considérer que la faible atmosphère intérieure qui subsiste est presque totalement formée d'acide carbonique.

En cet état la machine est arrêtée ; les rentrées possibles d'air sont occluses par des colonnes de mercure. j'introduis alors une solution de potasse très-concentrée.

Cette potasse absorbe peu à peu l'acide carbonique. Au bout de quelques heures, on voit l'éprouvette indiquer le vide absolu, circonstance qui justifie ce que je disais, du retard apporté dans la vaporisation. par les substances en solution dans le jus de la viande.

On laisse les choses en l'état pendant trois jours. Au bout de ce temps on démonte l'appareil. La viande retirée peut alors être conservée sans aucune espèce de précaution. elle a perdu de 18 à 20 pour 100 de son poids.

Je regrette n'en avoir pas un morceau à présenter à l'Académie.

J'avais en août dernier préparé un échantillon que je conservai sur une table dans mon bureau ; il a disparu ces jours derniers, emporté, je crois, par un chien. que négligemment on avait laissé pénétrer. Les autres morceaux. préparés à différentes époques. ont été envoyés de divers côtés. L'un d'eux a servi de presse-papier à M. Giraldon

(52, avenue du Roule, à Neuilly). Il n'en a pas moins fait plus tard un pot-au-feu, petit, c'est vrai, mais de tous points satisfaisant. C'est dire que, dans ces conditions, la viande perd toute espèce de tendances à la putréfaction, et surtout *conserve la propriété de faire de bon bouillon*, circonstance extrêmement précieuse pour l'alimentation.

Il est facile de comprendre la faculté conservatrice que prend la viande par une dessiccation ainsi ménagée, en se rendant compte qu'au sortir de l'appareil, loin d'être hygrométrique comme on pourrait le supposer, elle subit au contraire, par l'effet du temps, une très-lente dessiccation. Cette dessiccation peut elle-même être enrayée en enrobant la viande desséchée, soit de gélatine, soit de sa propre graisse, opération excessivement simple et qu'on peut faire dans l'appareil même.

On pourra s'étonner qu'en présence des résultats que je viens d'énoncer, je n'aie pas renouvelé ces expériences.

Des circonstances diverses ont retardé la réalisation de ces applications. Cependant une usine créée en vue de rendre permanentes et pratiques ces données venait enfin de se monter.

Les travaux concernant cette installation spéciale finissaient lorsque le siége a commencé;

elle est donc à ce point de vue encore vierge d'expérimentations. Toutefois les appareils sont complétement montés, ils peuvent dès à présent fonctionner, et si l'Académie veut bien déléguer une commission qui surveillera les expériences et lui en rendra compte, je suis dès à présent à sa disposition pour les répéter à son gré [1].

16. Introduction d'animaux vivants. — Comme complément de la note qui précède, je dois ajouter une dernière considération qui a une haute importance, et dont les conséquences n'échapperont à personne.

La Hongrie et la plupart des contrées de l'Orient possèdent d'immenses pâturages, qu'habite une quantité considérable de bétail, seul moyen de mettre en valeur ces incultes, mais fertiles territoires.

Malheureusement certaines maladies y paraissent endémiques, et c'est à l'introduction d'animaux de cette provenance, dans le nord-ouest, qu'on attribue les épizooties qui se sont déclarées ces

---

1. Ces lignes étaient écrites pendant le siége. Le combustible devint tellement rare qu'il fut impossible de songer à aucun travail de cette nature. L'expérience proposée ne put donc avoir lieu à ce moment.

dernières années et ont fait de si grands ravages.

C'est encore à cette même cause, le séjour du bétail amené par les armées allemandes, qu'il faut attribuer le typhus qui vient de se déclarer. Maladie terrible, dont les ravages paraissent devoir être effrayants, et qui n'a jamais manqué de se déclarer chaque fois qu'une invasion est venue polluer notre sol.

L'importation d'animaux vivants constitue donc un danger permanent pour le bétail de nos pays; et s'il est intéressant de faire arriver certaines races, certains reproducteurs, opérations qui peuvent être conduites avec tout le soin et les précaution voulues pour qu'il n'y ait pas danger, il y va des intérêts les plus graves de l'agriculture qu'une barrière permanente soit établie entre l'élevage de nos cultures et les animaux d'origine étrangère.

Tout oubli de cette loi, qu'a sanctionnée une triste expérience, est payé par des désastres, qui, en ce temps de misère surtout, semblent devenir irrémédiables.

On pourra objecter que le typhus n'est pas transmissible à l'homme, que la viande pouvant être vendue, la perte n'est pas aussi complète qu'on pourrait le supposer.

Il paraît positif, d'après les observations recueillies, que le typhus bovin ne se communique pas directement à l'homme, mais rien ne dit que l'ingestion des viandes ainsi infectées ne prédispose pas à d'autres maladies. A ce point de vue rien n'est prouvé. En tout cas il résulte toujours de l'emploi de cette viande une alimentation anormale, ne livrant aux organes de la digestion que des produits altérés.

Ensuite il ne faut pas oublier que, frappant indistinctement tous les animaux, elle atteint tout aussi bien les reproducteurs que le bétail de boucherie, et qu'en forçant à abattre tout ce qui est touché, elle conduit à la disparition momentanée, de la presque totalité des races, dans les localités infectées.

Or, il ne faut pas l'oublier, ce n'est pas en un an qu'on peut reconstituer la population animale d'une contrée. Il faut à cela des années, et pendant ces années-là ce n'est pas seulement la viande qui reste chère, mais la culture qui manque de bêtes de trait, mais les champs qui manquent de fumier, mais l'habitant des campagnes comme celui des villes qui manquent de lait, de beurre, de fromage, etc., etc.

A cette question se relient donc d'immenses intérêts qui doivent faire regarder comme un danger imminent pour le pays toute importation de cette nature.

Il ne faut pas croire, du reste, que cette importation puisse être une source abondante et normale d'approvisionnement.

Si les animaux viennent de loin, de la Plata, je suppose, ils ont à supporter une longue traversée qui les fatigue et souvent les fait périr.

Les frais en tous cas sont considérables.

Une expédition a été tentée en 1869-1870; elle a eu pour objet l'apport d'une centaine de bœufs. Chaque bœuf a coûté de port 175 francs.

Et l'expédition avait été spécialement favorisée.

Qu'on juge de ce que donnerait une traversée mauvaise! Je laisse en plus de côté les frais que nécessite la remise au vert de l'animal et sa reconstitution, car il est rare qu'il puisse être abattu au débarqué.

Je laisse encore de côté les conditions favorables qui entourent toujours une expédition faite spécialement, et sont bien difficilement réunies quand l'opération devient un fret ordinaire.

Sur ce sujet on pourrait consulter les navigateurs qui se livrent au transit des côtes de Madagascar à Bourbon.

L'île Bourbon, située dans la mer des Indes, est

presque exclusivement livrée à la fabrication du sucre.

La population de travailleurs y abonde, mais les pâturages manquent, par conséquent la viande. Il faut donc à tout prix aller au loin chercher cette base précieuse d'alimentation.

Madagascar, au contraire, cette île qui devrait être française, est largement douée de ce côté. Les bœufs y sont abondants, à bas prix. Un transit régulier s'est donc établi entre ces deux points. Mais ce transit ne peut s'effectuer sans de grands inconvénients, et il faut voir là ce que, par un gros temps, deviennent les animaux ainsi importés et l'état dans lequel ils arrivent. C'est à ce point que quoiqu'il ne s'agisse que d'un parcours relativement court, il y a encore de ce côté à réaliser un immense progrès en y implantant les moyens d'action que nous étudions.

Des expéditions ont été faites ces derniers temps de Galice (Espagne) au Havre. Le frêt était de 120 francs par tête de bœuf, nourriture comprise.

Le transport par voies ferrées n'est pas lui-même exempt d'inconvénients, surtout quand il dépasse une certaine limite de temps.

On compte pour les moutons venant de Hongrie sur une perte de 25 pour 100 pendant le voyage.

plus un état de fatigue pour l'animal qui le rend peu propre à une alimentation profitable.

On estime que le transport d'un bœuf venant de Hongrie à Paris revient, tous frais d'expédition compris, à près de 150 francs.

On voit donc que, même en ayant en Europe des centres de ravitaillement précieux, ils semblent cependant être hors de notre portée, aussi bien par prudence que par difficulté d'arrivages.

Avec les moyens que je viens de décrire et surtout avec l'emploi du froid, la situation se modifiera, on pourra disposer des trains entiers de wagons frigorifiques, tuer par conséquent les animaux sur place, et apporter fraîche leur viande, non-seulement à Paris, mais encore sur tous les lieux desservis par les lignes ferrées.

Le coût de l'installation de semblables transports n'aurait rien d'anormal; celui de la conservation pendant le transport peut se chiffrer par une différence de 10 cent. au plus par kilogr. D'autre part, les lignes ferrées aboutissant toutes par la ceinture au marché de la Villette, on voit qu'au point de vue de l'organisation, toutes facilités semblent être réunies.

Comme conséquence, on obtiendrait ce triple résultat :

1º Suppression des craintes fort légitimes que peut donner à l'agriculture l'introduction des animaux vivants ;

2º Suppression de la perte que subit l'animal pendant le transport, perte qui pèse aussi bien sur la quantité que sur la qualité ;

3º Enfin réduction des frais de transport, le poids qu'entraînent les abats, la nourriture, la litière, etc., etc., disparaissant.

N'y a-t-il pas là des conditions spéciales de sécurité et méritant à tous titres l'attention ?

§ 2.

Deuxième note adressée à l'Académie des Sciences sur la Conservation de la Viande, le 27 décembre 1870.

17. Exposé. — La communication qu'a faite M. Léon Soubeyran à la dernière séance de l'Académie, ainsi que les observations qu'elle a amenées de la part de MM. Payen et Morin, me suggèrent quelques considérations que je crois utile de soumettre à l'Académie.

Tout en formant le complément de ma précédente note, ces considérations aideront à l'élucidation d'une question dont l'opportunité acquiert chaque jour une nouvelle importance.

Mes observations vont porter sur trois points principaux que voici énoncés :

1° L'emploi dans l'alimentation du tasajo proprement dit :

2° La dessiccation par l'air chaud ;

3° La conservation de la viande desséchée.

18. EMPLOI DU TASAJO. — Le tasajo, je l'ai expliqué dans ma précédente note, est formé par des lanières de viande salée et desséchée au soleil.

M. Léon Soubeyran a raison de dire que cette viande, ou plutôt ce produit, peut être utilisé dans la consommation, mais il importe d'expliquer à quel titre cette utilisation peut être faite, c'est là ce que je vais préciser.

Si, par l'effet des conséquences du siége, nous avons à passer par un de ces moments qui équivalent à la famine, il est évident que nous pourrons consommer le tasajo ; mais s'il s'agit simplement d'abaisser les hauts prix qui vont surgir par suite de la pénurie du bétail, cet aliment sera impuissant à fournir ce résultat.

Le tasajo, en effet, quelque forme qu'il prenne, ne sera jamais un aliment régulier. Il peut être utilisé largement chez les nègres, qui n'ont pas la délicatesse de nos habitudes; il peut être emporté par les voyageurs dans l'intérieur du continent américain, parce que, sous un faible volume, il présente certaines propriétés nutritives, une faculté réelle de conservation. D'ailleurs la chasse, l'hospitalité qu'accordent certaines tribus, le rendent l'auxiliaire de l'alimentation; mais jamais ce produit ne prendra place sérieuse dans l'alimentation de la France, et ce sera précisément dans la classe ouvrière, c'est-à-dire la plus nombreuse, où il rencontrera le plus de répulsion.

Est-ce à dire maintenant qu'en présence des circonstances dans lesquelles nous nous trouvons, il ne faille pas compter sur cette source possible d'alimentation?

Ceci je ne le crois pas.

Je crois au contraire que le gouvernement devrait dès maintenant en commander l'expédition de notables quantités, dût-on, ce que je souhaite, ne pas les utiliser. Le tasajo étant à très-bas prix sur les marchés de l'Amérique du Sud, il y aurait là une mesure de précaution qui ne peut avoir aucune espèce de conséquences graves et qu'il est bon de conseiller. Mais là se bornera le concours que nous aurons à retirer de ce produit.

Quelques mots maintenant du mode de préparation préconisé par **M. Soubeyran.**

La pulvérisation peut être un moyen d'aider à la consommation de cette viande, mais elle n'a pas besoin d'être faite en Amérique.

Le tasajo peut effectivement être transporté sous sa forme de fabrication d'Amérique en Europe. D'une part le degré prononcé de dessiccation qui lui est donné le réduit à l'état de planche, de l'autre la compression énergique que l'on fait subir aux balles qu'on en forme permet son facile arrimage, tout en augmentant ses facultés conservatrices. L'Académie doit se souvenir avoir vu, il y a environ deux ans sur son bureau, des tranches de tasajo ainsi amenées. Le produit, en tant que conservation, n'avait pas souffert du voyage. Le goût seul, et cela tient à sa préparation que j'ai expliquée dans ma note précédente, était repoussant.

Par suite de ces faits, si le gouvernement, ce que je crois sage et utile, fait venir du tasajo, il n'est besoin de s'occuper au départ ni de sa réduction en poudre ni de son embarillement. Il faut le faire venir tel qu'il est vendu et le pulvériser sur place au fur et à mesure des besoins de la consommation. Ce sera, je crois, le moyen le plus sûr de le conserver et en route et ici.

Qu'il soit bien entendu encore que ce mode de préparation ne lui enlèvera pas le goût inhérent à sa nature. L'observation de M. Payen, relative à de la viande pulvérisée, préparée par M. Tresca, pourrait en effet conduire à un rapprochement qui n'existe pas du tout. Il y a une très-grande différence entre les deux produits.

Le tasajo a un goût de corrompu plus ou moins prononcé que l'on rencontre dans toutes ses préparations et avec lequel il faudra nécessairement compter; la viande séchée avec soin peut au contraire en être préservée. Je reviendrai tout à l'heure sur cette particularité.

Je viens de parler de différentes préparations de tasajo. Sans repousser l'idée de M. Soubeyran, à laquelle au contraire je m'associe, je crois utile d'insister sur ce point. Là encore il est possible pour le cas d'*urgence* de recueillir des indications utiles.

Il m'a été donné de manger du bouillon de tasajo, je ne puis mieux le comparer qu'à une décoction de vieux dominos. Rien à faire avec cela.

Le bouilli, à la vue, se rapprochait plus de nos aliments ordinaires, mais, à la bouche, le goût que je signale reprenait son empire, et franchement ce n'était pas bon.

Un mets cependant fut présenté, comportant une sorte de civet de tasajo ; il y avait là quelque chose de plus acceptable. Je vais m'occuper de retrouver la trace de cette méthode de préparation ; mais dès cet instant elle précise que le mode d'accommodement du tasajo peut influer sur les résultats qu'il peut fournir à l'alimentation. Cette remarque nous conduit à cette conséquence, c'est qu'en faisant ses commandes, commandes que je crois utiles, le gouvernement devrait donner ordre à ses consuls d'envoyer des instructions très-précises sur le mode de préparation de cet aliment dans les pays de consommation.

Quoiqu'il y soit réservé aux classes inférieures, comme chez nous certains mets locaux, il est probable que sur les lieux mêmes, là où l'usage s'en fait de temps immémorial, il y a des moyens à nous inconnus de tirer le meilleur parti possible de cette sorte d'alimentation. Il y a donc intérêt dans le cas présent, tout en profitant de la proposition de M. Soubeyran, de nous renseigner sur ce sujet.

19. DESSICCATION DE LA VIANDE PAR LA CHALEUR. — Le second point de ma communication de ce jour a trait à la dessiccation de la viande par la chaleur.

M. Payen est entré à ce sujet dans quelques explications qui tendraient à démontrer la qualité du produit. C'est sur ce point que je désire faire quelques observations; elles résulteront de mes propres expériences, lesquelles m'ont conduit à voir au contraire dans la chaleur, que j'avais d'abord pris pour auxiliaire, un agent dangereux.

Le récit de mes tentatives à ce sujet va me permettre de préciser et de présenter les déductions que je crois utiles.

La pensée de dessécher la viande dans le vide s'était présentée à moi il y a fort longtemps, ainsi qu'en pourraient faire preuve certaines communications faites à divers; mais ce n'est qu'il y a trois ans que j'arrivais à mettre en pratique ce procédé, assurément fort rationnel.

Les expériences primitives furent faites à l'aide d'une simple machine pneumatique, à la température ambiante.

Cette machine n'était pas un instrument de laboratoire, mais un appareil d'occasion. Elle donnait avec peine un vide de 7 à 8 millimètres; j'opérai néanmoins avec elle, c'était pendant l'été 1867.

La première expérience fut concluante; le morceau de viande desséché en présence de chlorure de calcium perdit 25 pour 100 de son poids, c'était

du mouton, il se conserva dans d'excellentes conditions.

La seconde donna encore les mêmes résultats,
c'était une côte de bœuf que j'ai conservée quinze
mois, sur le haut d'une armoire, simplement em-
maillottée dans un journal.

A la troisième expérience, le résultat fut tout
autre. La viande, qui était encore une côte de bœuf,
fut totalement perdue pendant le temps même de
sa préparation.

Les conditions d'expérimentation étaient restées
les mêmes; seules les conditions atmosphériques
s'étaient modifiées :

La température avait augmenté ;

Le temps était devenu orageux.

Je ne pouvais attribuer à cette dernière influence
une grande portée, puisque l'opération se faisant
dans le vide, les rentrées d'air étaient fort minimes.
Restait donc à mon avis, comme élément réel de
l'insuccès, l'augmentation de la température com-
binée au long temps nécessité par l'expérimentation.
(Eu égard au vide imparfait donné par la machine,
la durée de chaque opération était moyennement
de cinq jours.)

Il y avait bien un autre fait dont il faut tenir
compte mais qui peut être vaincu; ce fait, c'était

l'état de santé dans lequel était l'animal au moment de son abatage.

Je ne méconnaissais pas cette influence, sur laquelle j'aurai à m'expliquer plus loin, mais je ne m'y arrêtai pas, croyant que la première condition d'un traitement radical était justement de pouvoir la maîtriser.

Ce traitement radical, je le cherchais dans la la rapidité de l'opération, appelant alors précisément à mon aide la chaleur que je voulais employer, non plus aux températures fermentescibles de 25 à 35°, mais bien à celles de 50 à 60°.

Dans ma pensée, en effet, le retard que subissait l'opération était uniquement dû à la résistance qu'apportait à la vaporisation les sels et surtout l'albumine contenue dans les sucs de la viande. Opérer à une température moindre que celle déterminant la coagulation de l'albumine, mais supérieure à la température moyenne de la vie organique, c'était à mon sens conserver à l'albumine sa solubilité, tout en donnant aux vapeurs aqueuses une plus haute tension.

Un appareil conçu sur ces données fut établi. Au bout de quelque temps il fut en état de se prêter aux expériences.

Je dois dire que la machine pneumatique employée n'était pas parfaite ; elle ne donnait guère qu'un vide de 3 à 4 centimètres de mercure. Mais comme la tension que nous pouvions donner aux vapeurs, puisque nous opérions au bain-marie, pouvait fournir une pression de 10, 12, 15 centimètres de mercure, cette circonstance ne pouvant plus empêcher la vaporisation m'avait paru négligeable.

J'obtins effectivement une plus grande rapidité dans l'opération ; la dessiccation ne demandait plus que trente-six à quarante-huit heures; mais, je dois le dire, la viande fut maintes fois altérée.

L'action de la chaleur devait dans ces diverses expériences être aussi anodine que possible, puisqu'elle s'exerçait sous trois conditions opposées à toute fermentation :

1° La température, que dans maintes expériences j'ai maintenue à plus de 50°;

2° Le vide relativement grand dans lequel on opérait ;

3° Le desséchement de l'atmosphère intérieur qui restait permanent par la présence de l'absorbant.

Cependant, je le répète, la viande sentait souvent l'aigre, et dans un temps plus ou moins long on la voyait se putréfier.

L'action de la chaleur exerçait donc encore une

influence notable sur la conservation, et de ce chef le moyen devait être à nouveau perfectionné.

Je suis arrivé à un résultat complet, comme je l'expliquai dans ma précédente note, en employant, si ce n'est le froid, au moins une température ne dépassant pas 15 à 18°; plus un vide d'air parfait, lequel obvie à l'inconvénient que je signalais plus haut : soit la difficulté qu'éprouvent les vapeurs à se former sous l'influence des matières que dissolvent les sucs.

Ces faits posés, constituant un précédent certain, voyons à les appliquer à la dessiccation par la chaleur. Ils nous conduiront à ce résultat :

C'est que dans certains cas on pourra obtenir de la viande plus ou moins bien préparée, et que dans d'autres elle sera tout à fait perdue. Je dis plus ou moins bien préparée, et voici pourquoi :

L'animal, lorsqu'on le tue, n'est pas toujours dans de bonnes conditions ; l'âge, la fatigue, l'état maladif même, font que sa chair est plus ou moins disposée à être conservée.

On peut, en effet, dire que plus l'animal sera sain, vigoureux, reposé, plus sa chair sera favorable à la nutrition, plus aussi elle sera facile à conserver.

Mais comment dans la plupart des cas deviner

cette situation? Comment la faire se ployer aux exigences de l'industrie?

Je sais qu'on a proposé de régulariser l'abatage, ou de le faire dans des conditions déterminées. D'autres ont fait respirer aux animaux divers gaz, entre autres le gaz hilarant, qui avaient pour objet de tonifier pour ainsi dire l'animal par la circulation.

Ces méthodes ont du bon, mais elles sont d'un difficile emploi avec les exigences du service d'un abattoir, avec surtout un personnel de bouviers ou de garçons bouchers peu aptes à comprendre les applications de la science. Il faut en cette occurrence prendre pour l'instant les choses pour ce quelles sont, et faire par conséquent ployer l'industrie aux exigences du moment.

Eh bien, la première nécessité de cet état de choses, c'est d'opérer à froid.

Ce fait est peu connu chez nous, où la préparation des viandes salées ne s'exerce guère que chez le cultivateur. Mais dans les contrées comme l'Angleterre, et surtout l'Amérique, où la salaison s'exerce sur une très-grande échelle, il est parfaitement avéré que le froid est la première condition d'une bonne préparation. Aussi voit-on tous les ateliers s'établir, soit dans des centres où la tempé-

rature est moyennement froide, soit dans des sou-
terrains ou dans des caves qui permettent de ne
pas dépasser 9° à 10°.

C'est qu'il est un fait bien connu chez tous les
saleurs, et qui me paraît tout à fait rationnel, c'est
que du moment où la mort se produit, jusqu'à la
complète putréfaction, il n'y a pas d'interruption
dans la décomposition. Cette décomposition s'exerce
plus lentement au début, c'est vrai, mais elle n'est
pas moins permanente, et son action allant toujours
en augmentant est un obstacle sérieux à la conservation, quel que soit le moyen employé.

Or le moyen de retarder, de neutraliser même
ce phénomène, c'est *le froid*, suivant le degré d'intensité qu'on peut lui donner. Le moyen de l'activer,
c'est au contraire *la chaleur*.

Les saleurs du Nord ont donc raison de saler la
viande à froid.

La dessiccation à froid aura également raison
de s'exercer. Quant à la dessiccation à chaud,
qu'elle soit faite naturellement, qu'elle soit faite ar-
tificiellement, elle présentera toujours un produit
résumant une moyenne entre ces deux conditions :

L'altération de la viande ;

La neutralisation de cette altération à mesure
que la dessiccation avancera.

Mais comme la dessiccation n'est que le résultat de l'opération, elle ne pourra agir que lorsque le mal aura été en partie produit; la matière aura donc été dans tous les cas altérée.

Si à cela nous ajoutons les influences atmosphériques, telles que l'action électrique, celle des saisons qui sont au printemps et l'été si éminemment favorables à toute fermentation, on se convaincra aisément que dans certains instants on aura pu obtenir des produits acceptables, mais que dans d'autres, avant même que l'action desséchante ne se soit exercée, on sera arrivé à un degré de corruption qui forcera à jeter la viande.

Une autre considération doit encore attirer l'attention : c'est que dans ces genres de dessiccation par la chaleur, il faut se borner à enlever dans la partie charnue de la viande des sortes de lanières de chair dont on obtient alors plus aisément la dessiccation.

Ce mode d'opérer n'est ni économique ni pratique, au point de vue alimentaire.

Au point de vue économique en effet, il force à ne prélever de l'animal qu'une petite partie de sa substance; le reste constitue un produit sans valeur, puisque sur place (je parle ici des pays de production) il y a plus de viande que la consommation n'en exige et que par conséquent ce reste est perdu.

Au point de vue alimentaire, il a l'inconvénient de négliger certaines parties graisseuses, les os, toutes matières qui ont leur place utile dans la consommation.

J'ajouterai enfin que chaque fois qu'il sera nécessaire pour présenter un produit à l'alimentation de réduire la matière, soit à l'état d'extrait, soit à l'état de poudre, on pourra fournir un expédient utile dans des occasions exceptionnelles, mais on ne fournira pas un aliment proprement dit.

L'appareil digestif n'a pas été construit pour recevoir une quantité de nourriture condensée sous une forme aussi réduite que possible, mais pour recevoir les aliments sous les formes variées que produit la nature. Son organisme est en effet assez riche pour tirer parti de tout ce qui est assimilable. Il lui faut et les sels et les sucs que renferment les produits naturels. Il lui faut même l'exercice des actions mécaniques pour lesquelles il a été créé, et sans lesquelles, aussi, certaines parties de lui-même souffriraient, s'atrophieraient et finalement produiraient la maladie et la mort.

Une condition essentielle en fait de conservation est donc de maintenir le produit intact, à l'état naturel, et c'est là ce que j'ai eu surtout en vue dans les moyens soumis à l'Académie par une première note.

A côté de ces considérations, dont nul ne peut méconnaître l'importance, il s'en place encore une autre qu'il ne faut pas oublier, c'est que la confiance publique ne veut pas d'aliments déguisés.

Elle consomme du poisson sec, de la viande sèche, si elle reconnaît aisément le poisson, le morceau qui a fourni l'aliment. Mais pour user habituellement de viande pulvérisée, il n'y faut pas compter. Pour l'instant du moins, c'est un procédé qu'il faut laisser aux Chinois.

Les habitants du Céleste Empire ont en effet l'habitude de tout manger sous forme de poudre ou de hachis.

Grâce à ce système, ils arrivent à ingérer une masse de choses dont l'idée seule nous répugnerait.

C'est précisément parce que la méfiance publique suspecterait en France des aliments ainsi réduits, préparés, qu'il faut pour premières conditions de toute conservation de viande :

1° La préserver de toute association quelconque,
2° Lui conserver sa texture primitive.

20. Transport des viandes conservées. — J'arrive au troisième point que je me suis proposé de traiter : je veux parler du mode de transport des viandes conservées.

M. le général Morin a fait remarquer l'avantage qu'il y aurait à employer, au point de vue de la conservation, des tonneaux en fer zingué.

Je suis de son avis. Il est évident que ce mode d'embarillage donnera d'excellents résultats chaque fois qu'il s'agira de transporter des substances alimentaires. Toutefois, il ne faut pas oublier qu'il est cher, difficile à établir dans certaines contrées, et que par conséquent son usage ne peut se répandre aussi généralement qu'on pourrait le désirer.

En ce qui concerne la viande surtout, cette question de transport prend une grande importance.

Si nous nous reportons par exemple aux grands centres d'élevage, tels que les rives de la Plata, nous verrons que la production se divise en quelque sorte en deux catégories auxquelles il nous faut. dans notre situation d'affamés [1], pouvoir également puiser.

L'une est formée des exploitations qui avoisinent

1. Il ne faut pas oublier que ces lignes étaient écrites sous le siége, c'est-à-dire dans un instant où l'avenir nous apparaissait sous de sombres couleurs. La situation depuis a changé. Mais

les ports où peuvent y avoir un accès possible ;

L'autre, de celles établies dans l'intérieur.

Dans la première catégorie, l'exploitation des animaux s'est déjà perfectionnée. On se contente dans les *estancias* (nom donné aux fermes pâtures ayant pour objet l'élevage) d'aménager les animaux. Lorsqu'ils sont arrivés à leur état normal, on les conduit dans le voisinage des ports.

Là se trouvent de vastes établissements nommés *saladeros*.

Ces établissements ont pour but l'abatage des animaux et l'emploi de leurs matières utilisables.

Avec le froid et un seul transbordement à Rouen, nous pouvons de ces saladeros amener directement la viande fraîche à Paris. J'ai expliqué dans ma note précédente les conditions de ce transport, je n'ai donc pas à y revenir.

Mais si de ce côté les difficultés s'aplanissent aisément, il n'en saurait être de même des *estancias* situées dans l'intérieur. Là les moyens de communication ne sont plus rapides, il faut abattre l'animal sur place, la viande y est généralement perdue. C'est pour l'utiliser que j'ai précisément songé à la dessic-

si il n'y a plus de famine à redouter, la question du bon marché reste entière. A ce titre l'observation faite conserve donc sa valeur.

cation dans le vide ; c'est donc de la viande préparée dans ces situations difficiles dont nous allons
étudier le transport.

Dans les conditions actuelles, trois choses s'expédient des lieux de production :

Le cuir ;

Les cornes et onglons ;

Le suif.

De ces trois choses, nous allons retenir la dernière, parce que, combinant son expédition à celle
de la viande, nous n'aurons changé ni les habitudes
du pays, ni les moyens d'expédition, ni ceux de réception.

Le suif, en effet, est expédié en barils. Ces barils
sont généralement défectueux, mais grâce à la quasi-
solidité que conserve le suif, même sous l'équateur,
leur imperfection n'empêche pas leur service.

Eh bien, c'est en réunissant et ces mauvais barils
et le suif que nous allons constituer l'emballage de
la viande.

Cet énoncé fait naturellement surgir l'idée de
contact entre la viande et le suif et amène la pensée du goût repoussant que pourra contracter la
viande.

Ce goût existera si le suif est préparé dans de
mauvaises conditions ; il ne se produira pas si

l'on opère avec les moyens que je vais décrire.

Deux mots sur les graisses en général :

La cause la plus ordinaire de l'altération des graisses gît dans l'humidité qu'elles retiennent, laquelle amène une lente décomposition et la production de certains acides à odeur repoussante, entre autres celle de l'acide hircique, qui paraît être le plus énergique.

Le moyen de neutraliser ces acides existe bien, mais ce qui est préférable, c'est d'empêcher leur production en dépouillant la graisse de la cause productive, c'est-à-dire en la déshydratant.

Or, pour arriver à ce résultat, il n'y a qu'une chose à faire : fondre la graisse dans l'appareil dessécheur. Par cette simple opération, qui n'entraîne aucune complication dans le matériel, nous obtiendrons :

1° La fusion du suif à basse température (60 à 70°), ce qui est nécessaire pour éviter sa décomposition ;

2° Sa séparation des tissus adipeux ;

3° Sa déshydratation, puisque, opérant dans le vide, la vapeur d'eau s'en séparera énergiquement sous la double action de la chaleur et de l'absorption continuelle qui en sera faite par l'absorbant employé.

Dans ces conditions, et j'ai maintes fois répété l'expérience, on obtient un suif blanc, compacte, ayant une très-faible odeur, mais au moins l'odeur propre de la graisse employée.

Or, il ne faut pas l'oublier, l'odeur de la graisse même, il n'y a pas à s'en préoccuper; elle existe dans la viande de boucherie. Mais ce qu'il importe d'éviter, c'est le goût que contractent ultérieurement les matières grasses quand elles sont mal préparées, et c'est cette conséquence que paralyse le moyen que je viens d'indiquer.

En ce qui concerne les résidus abandonnés, par la fonte du suif je n'entends pas dire qu'on en tirera par cette première opération tout le produit possible; il ne s'agit ici que d'une première expression qui donnera, si je puis dire, la graisse comestible.

Soumis à une seconde opération, faite alors dans l'unique but de retirer le maximum de rendement, et avec tous les moyens que comporte l'industrie, ces déchets seront définitivement expurgés du suif qu'ils retiennent.

Dans ces conditions la graisse animale donnera deux catégories de produit :

La graisse de première qualité, que j'appellerai comestible, quoique je ne veuille pas dire qu'elle sera complétement destinée à la bouche ;

Le suif de deuxième qualité ou d'industrie.

Revenons à la première catégorie.

La viande est préparée sous l'influence du vide. Elle s'est desséchée au degré jugé convenable, car, il ne faut pas l'oublier, ce mode n'oblige pas à traiter la viande toujours au même degré de siccité. On peut au contraire faire des produits à 18 pour 100, à 20 pour 100, à 25 pour 100 de déshydratation, suivant le mode d'emploi, le temps qu'exigera la consommation. Ceci du reste importe peu. Quelle que soit la proportion à laquelle on se soit arrêté, il s'agit maintenant de procéder à l'expédition.

Dans ce cas on commence par enrober la viande dans la graisse, comme je l'ai expliqué dans ma première note, afin d'empêcher sa dessiccation ultérieure.

Mais cet enrobage ne se fait pas par une simple immersion dans la graisse. On place le tout, viande et graisse, dans l'appareil, puis on fait le vide.

Ceci étant, on laisse la pression atmosphérique se rétablir. Qu'arrive-t-il de cet état de choses ?

C'est que tous les pores de la viande se sont ouverts, que tous les interstices qu'elle contenait se sont vidés d'air pour se remplir de la graisse préparée, laquelle en se figeant bouche et ces interstices et ces pores, formant en un mot autant d'obturateurs naturels destinés à préserver l'intérieur du contact de l'air.

Ceci fait, il n'y a plus qu'à placer la viande dans les barriques.

Pour accomplir cette dernière partie du travail, on verse dans chaque barrique une couche de 20 à 25 centimètres de graisse fondue; on range les morceaux de viande préparés dans cette graisse; celle-ci remonte à mesure qu'on emplit le baril. Si elle ne suffit pas, on en ajoute de nouvelle en telle proportion que la viande n'apparaisse pas à la partie supérieure du baril.

Bref, quand la barrique est pleine, on a un tonneau formé d'environ trois quarts de viande, un quart de graisse; on laisse refroidir.

Au refroidissement, un certain vide se produit à la surface du baril; on remplit ce vide par une petite quantité de graisse fondue; on laisse définitivement refroidir, on ferme et l'on n'a plus qu'une masse qui peut désormais voyager, sans qu'on ait à s'occuper de la nature de son enveloppe, pas plus que de son conditionnement.

A l'arrivée il n'y a pour pouvoir retirer la viande qu'à procéder comme pour la morue, certains fruits secs, le suif même : faire sauter quelques cercles. Les douves s'écarteront, laissant à nu le bloc graisseux, d'où l'on extraira la viande au fur et à mesure des besoins.

La quantité de graisse sera peut-être un peu excédante de celle que la viande porte naturellement ; mais comme elle sera toute de première qualité, les débitants l'amasseront et la vendront aux fabricants, comme le font aujourd'hui les bouchers et autres détaillants. Cette vente se fera d'autant plus avantageusement, que, d'une part, la qualité du suif sera certaine, et que, de l'autre, cette matière, pour arriver là, n'aura subi aucuns frais particuliers, puisque elle aura voyagé purement et simplement, comme si elle était venue isolée.

Je prends la liberté de soumettre à l'Académie un échantillon de viande ainsi préparé. Cet échantillon a quinze mois d'existence (il date du 14 septembre 1869).

Je ne le présente pas comme étant de première qualité. Au contraire, produit par la chaleur, il a subi dans sa préparation partie des inconvénients que j'ai signalés ; mais, tel qu'il est, il permet de voir que grâce au vide on peut préparer la viande avec os et graisse, tissus adipeux, etc., etc., telle en un mot que la produit l'animal, et ce, avec assurance de sa conservation.

Ce fait est important, je l'ai expliqué, aussi bien

au point de vue de l'alimentation qu'à celui de la juste satisfaction qu'il faut savoir donner aux instincts populaires.

En terminant, qu'il me soit permis de remercier l'Académie de la commission qu'elle a bien voulu nommer pour l'examen de mes moyens.

Si je n'ai pas encore commencé les expériences indiquées, c'est que la pénurie de viande et de charbon m'ôtent les éléments indispensables. Si, en raison de la grande importance de la question et des besoins qui vont surgir dans le pays, l'Académie pouvait me faire obtenir la délivrance des quantités nécessaires, je suis dès à présent à ses ordres pour commencer [1].

§ 3.

Troisième Note sur la Conservation de la viande par la dessiccation, présentée à la Société d'acclimatation.

21. Exposé. — Dans la séance du 30 décembre dernier, vous avez bien voulu, Messieurs, accorder

---

1. J'ai déjà expliqué que, dans l'intervalle, la rareté du combustible était devenue telle, qu'il n'y avait pas eu possibilité de faire alors les expériences. Elles sont maintenant en permanence.

votre attention à la communication de M. le docteur de Grandmont, sur une visite qu'il avait faite chez moi, et aux renseignements que j'ai pu ensuite vous communiquer.

A ces renseignements je vous demanderai la permission de joindre quelques développements que m'a suggérés une observation de votre honorable président, M. de Quatrefages.

Il est bien vrai que dans le Midi on prépare sous la graisse différentes conserves alimentaires, qui sont de temps immémorial, non-seulement consommées en ces contrées, mais même emportées assez loin. L'art du charcutier (en ce temps de siége il nous est permis de descendre à ces détails, qui en eux-mêmes sont peu scientifiques, mais ont un caractère d'opportunité réel), l'art du charcutier, dis-je, utilise encore depuis très-longtemps la graisse comme moyen de conservation. Mais il y a une différence considérable entre l'emploi de ces moyens et celui que j'ai eu l'honneur de développer devant vous.

Cette différence se résume par deux faits principaux :

La nature des graisses employées,

La coction de la viande.

22. Différence de qualité dans les graisses.
— Les graisses employées ne sont pas d'une nature quelconque ; ce sont ou des graisses de volaille, ou le saindoux, dont les qualités spéciales sont depuis longtemps appréciées par la pratique.

Sans pouvoir expliquer ici d'une manière précise la circonstance qui fait que ces graisses restent plus longtemps comestibles, je constate que ce fait cependant ne présente rien d'anormal et que, dans les corps gras qui nous sont connus, nous trouvons des exemples répétés de cette anomalie.

L'huile d'olive, par exemple, se conserve franche de goût très-longtemps, l'huile d'amande douce également, l'huile œillette reste fraîche moins longtemps, enfin d'autres huiles, comme l'huile de noix, rancissent plus rapidement. Si nous arrivons à l'huile de colza, dont on cherche avec raison à détruire le mauvais goût, nous constatons ce résultat curieux qui confirme mon dire, que momentanément on peut détruire le goût de cette huile, mais que peu à peu il reparaît.

Il est donc certain qu'une conserve, quelle que soit sa nature, faite avec du saindoux, avec la graisse de volaille, se conservera très-longtemps par la nature même de ces graisses.

Mais, comme il est impossible de profiter de ces

matières, aux pays producteurs de bœufs, de moutons, c'est de la graisse qu'on y trouve, soit le suif vulgaire, qu'il nous faut savoir profiter, et ceci est possible, grâce au mode de préparation dont j'ai eu l'honneur de vous entretenir.

23. Coction de la viande. — J'arrive maintenant à un second point : la coction de la viande.

La ménagère, le charcutier, font cuire, jusqu'à un certain degré, les aliments à conserver ; l'usage était là, la raison inconnue.

Mais la science, qui veut tout savoir, nous a donné cette raison.

D'une part, la coction resserre les chairs, élimine une partie des sucs que la chair fraîche contient en trop grande abondance pour que sa conservation soit aisée ;

D'une autre part, elle tue les principes de décomposition que presque tous les animaux conservent dans leurs tissus.

La coction produit donc, tout à la fois, une action conservatrice et une action préservatrice.

Mais, pour que cette action puisse s'exercer suffisamment, il faut qu'elle puisse pénétrer jusqu'au cœur de la masse.

Ceci est facile pour les membres de volaille,

par exemple, que l'on peut saisir rapidement par une quantité suffisante de calorique emmagasinée dans la graisse, mais ne se peut faire aisément pour les volumineuses pièces de bœuf qu'il s'agit d'importer en Europe.

La viande, en effet, est un corps mauvais conducteur du calorique. Pour que le degré suffisant de chaleur puisse la pénétrer complétement, il faudrait prolonger longuement l'action calorifique. Mais alors nous n'obtenons plus que de la viande cuite, et, en ce cas, je le déclare immédiatement, mieux vaut se référer aux procédés de notre ingénieux Appert. Ses procédés, variés ou mitigés, resteront toujours le type de la viande conservée en vase clos, ayant subi la coction.

Mais ce n'est pas de la viande cuite qu'il s'agit d'apporter, c'est surtout, je l'ai dit, de la viande de pot-au-feu

Qu'on me pardonne ce mot que je répète souvent, mais le pot-au-feu est pour moi le type de l'aliment parfait.

Le bouillon contient les produits solubles de la chair et du sang, de la graisse et des os.

La viande n'a perdu aucune de ses qualités assimilables.

Relevée par l'arome des légumes qui ont servi

à confectionner le mets, elle est agréable au goût, sa mastication est aisée, sa digestion facile.

En un mot, c'est l'aliment par excellence, qui convient à tous les âges.

C'est avec le pain la base sérieuse de l'alimentation, celle qui, en quelque sorte, pourrait permettre de se passer de toute autre chose.

Eh bien, avec les conserves cuites, même avec les conserves Appert, on ne peut pas faire de pot-au-feu !

Au contraire, avec la viande desséchée dans le vide, ceci est facile.

Il y a donc là un caractère de supériorité nettement indiqué.

24. Caractères de la viande desséchée dans le vide. — L'albumine est simplement concentrée ; les produits qui constituent la gélatine ne sont pas modifiés, les sels sont restés intacts ; les os, les tendons, la graisse, tout est là. Bref, il n'y a qu'une chose qui manque, c'est de l'eau.

Mais l'eau, nous la trouvons partout, elle ne peut dès lors nous inquiéter.

Il y a donc dans le mode de procéder que j'ai eu l'honneur de soumettre à la Société d'acclimatation une très-grande différence et comme préparation et comme but et comme emploi, avec les produits en apparence similaires qui se produisent dans le Midi.

J'ajouterai que l'emploi de la graisse ne constitue pas le moyen même de conservation. Ce moyen, c'est la *dessiccation*.

La graisse ou l'enrobage n'a plus qu'un double but, que je vais immédiatement définir.

Le premier est d'empêcher le desséchement ultérieur de la viande. En effet, si la dessiccation première est difficile à obtenir, quand la viande a subi une perte de 18 à 20 pour 100, elle ne demande plus qu'à se dessécher indéfiniment.

Ce qui se passe pour la colle-forte est la répétition de ce fait.

La dessiccation, difficile aux premiers jours, devient naturelle et régulière dès qu'elle a acquis un certain degré de fermeté.

Le deuxième est simplement une question d'emballage, de préservation pendant les transports.

Les produits qui se fabriquent localement et sont là consommés ne demandent que des soins *limités*. Mais ceux qui sont destinés à traverser les mers, à supporter, pour nous arriver, les températures torrides de l'équateur, doivent exiger plus de précautions.

Il faut non-seulement les préserver des influences
atmosphériques, mais les mettre à l'abri des insectes
qui pullulent en ces contrées.

Il faut faciliter leur conservation à leur arrivée,
leur réexpédition dans l'intérieur.

Bref, il faut les transformer en une marchandise
absolument inerte, transportable, et c'est là surtout
ce que j'ai voulu faire en employant le suif comme
moyen d'emballage.

A cette dernière citation je **vais clore** la première
partie de ce travail.

Les faits généraux sur lesquels s'appuient les
procédés que j'ai à décrire étant maintenant connus,
je vais aborder immédiatement la seconde partie,
c'est-à-dire la description détaillée de ces procédés.

DEUXIÈME PARTIE

APPLICATIONS.

Exposé.

Deux modes, nous l'avons vu, peuvent être utilisés pour obtenir la conservation rationnelle de la
viande :

Le froid ;

La dessiccation.

Chacun de ces moyens peut se subdiviser en
nombre d'applications distinctes.

Pour préciser, nous allons rappeler ce que nous
avons dit à ce sujet :

*Chaque fois que l'élevage du bétail se fera dans
des contrées facilement abordables, l'emploi du froid
devra être appliqué ;*

Chaque fois, au contraire, que nous aurons affaire

à des centres éloignés, placés dans l'intérieur, la dessiccation devra avoir la préférence.

Dans la première catégorie nous avons à ranger :

1° Toutes les contrées de l'Amérique méridionale, baignées immédiatement par le fleuve de la Plata ou ses affluents;

2° Certaines parties de l'Amérique du Nord, entre autres le Texas, le Canada. Dans cette dernière contrée la volaille est à très-bas prix et son transport serait excessivement facile par l'usage du froid;

3° La Hongrie, les provinces danubiennes, le sud de la Russie, en particulier la Crimée, toutes contrées que nous pouvons facilement aborder, soit par la navigation à vapeur, soit par les lignes ferrées;

4° L'Australie;

5° Enfin une partie de l'Espagne et du Portugal.

Dans la seconde catégorie nous trouvons les mêmes contrées, mais alors considérées plus à l'intérieur, c'est-à-dire dans leurs parties inaccessibles soit à la grande navigation, soit aux voies ferrées.

De là trois sortes d'exploitations distinctes, se résumant comme suit :

1" La création de grands établissements d'abatage avec attachement de bateaux à vapeur et l'emploi du froid. Ceci ne pourra être que le fait de compagnies installées avec un grand capital ;

2° L'emploi des voies ferrées aussi, avec l'adjonction du froid.

Pour ce, il faudra, outre un entendement avec les compagnies de chemins de fer, la réunion de capitaux importants, mais moindres cependant que dans le cas précédent, puisque, avec chaque ligne, pour ainsi dire, les exploitations pourront se créer, par conséquent se multiplier ;

3° Enfin l'établissement d'usines placées dans l'intérieur et desséchant les produits de l'élevage pour les vendre au moment opportun.

Ce dernier mode sera du ressort de l'industrie ordinaire.

Tout propriétaire un peu important deviendra, dans ces conditions, fabricant de viande, comme actuellement il se fait fabricant de sucre, fabricant d'alcool.

Ce troisième procédé, à lui seul, a une importance considérable.

Il ira précisément, aux endroits jusqu'ici peu favorisés, donner à la production une richesse inconnue.

Par un juste équilibre il viendra dans nos pays de consommation porter l'abondance et le bien-être.

Par la même raison, c'est-à-dire par la possibilité de faire circuler aisément ses produits, il est destiné à les faire pénétrer jusque dans les centres les plus infimes.

A quelque point de vue donc on puisse se placer, on voit aisément que l'ensemble des moyens présentés forme un tout, s'appliquant à toutes les nuances de la production, comme à toutes celles de la consommation.

Cette observation m'amène à confirmer ce que j'ai déjà dit, à savoir que je n'ai aucune préférence à donner à l'un ou à l'autre de ces modes de traitement.

En commençant, dans la description qui va suivre, par les transports maritimes, ce n'est donc pas que j'attache à ce mode plus d'intérêt, mais bien parce qu'il est plus rationnel de commencer par l'exploitation, qui, par les développements qu'elle comporte, prend un caractère spécial de grandeur.

Il est bien entendu que dans tout ce qui suivra les données que nous produirons pourront se généraliser.

Prenant pour point d'arrivée la France. il

doit rester convenu que les mêmes éléments s'appliqueront à toutes autres contrées, quitte à faire varier les moyens que nous allons analyser, suivant les distances, l'importance des opérations à créer.

Avant d'entrer dans les détails techniques de l'exploitation, quelques mots sur la viande dont il importe de définir la nature, aussi bien que les causes qui peuvent produire son altération.

CHAPITRE PREMIER

DE LA VIANDE. — DE SON ALTÉRATION.
DE SA CONSERVATION.

25. Composition de la viande. — La viande est la partie assimilable du corps des animaux.

Sa composition est très-complexe, la chair musculaire en forme toutefois la partie principale. Elle renferme de plus les vaisseaux sanguins et lymphatiques, le tissu adipeux, les tendons, les nerfs, la graisse, etc., etc.; enfin elle est accompagnée des os, qui entrent eux-mêmes pour une certaine part dans la confection de nos aliments.

La viande, comme on le voit, n'est pas un composé défini, mais un mélange de substances variables, non-seulement suivant les espèces, les animaux, mais encore suivant les parties du corps de chacun d'eux.

En un mot, ce nom est une expression qui désigne dans le langage ordinaire *l'aliment animal,*

mais ce n'est pas une désignation scientifique, défi-
nissant un corps régulier, homogène.

Tout le monde sait qu'elle est produite par l'a-
batage des animaux ; qu'elle se conserve un temps
variable avec leur état de santé, leur espèce, les
saisons ; que finalement elle tombe en putréfaction.

La putréfaction est précisément le phénomène
que, par les procédés de conservation, on cherche à
empêcher ou au moins à retarder. C'est donc elle
qui doit fixer notre attention et que nous allons
d'abord étudier.

26. Putréfaction. — La putréfaction est la
conséquence d'une fermentation qui tend à dissocier
les molécules constituantes de la viande et à les
mettre en liberté.

Le résultat de cette action est non pas la production directe de ces molécules constituantes, mais
la formation de composés plus faciles à produire,
pouvant entrer immédiatement dans la circulation
générale. Elle produit principalement de l'eau qui
entraîne l'hydrogène, de l'acide carbonique qui enlève le carbone, enfin de l'ammoniaque qui résulte
de la dissociation de l'azote.

Ces trois corps, hydrogène, carbone, azote, forment en effet les éléments les plus importants de la

chair, laquelle elle-même constitue, nous le savons. la partie principale de la viande.

Outre ces produits, la putréfaction exhale de l'hydrogène carboné, de l'hydrogène sulfuré, de l'hydrogène phosphoré, des sels, etc., etc.

Ce sont les produits gazeux qui entraînent l'odeur nauséabonde qu'on rencontre autour des matières en décomposition. Cette odeur est produite non-seulement par les gaz hydrogène sulfuré et phosphoré que nous venons de voir se dégager, mais encore par des particules excessivement ténues du produit putréfié, qu'entraînent les molécules gazeuses.

Ce sont ces particules qui constituent les effluves insalubres qu'on désigne sous le nom de miasmes. Effluves qui, quoi qu'en disent quelques-uns, peuvent produire et ont produit des accidents autrement graves que ne les causerait la présence seule de l'hydrogène sulfuré, dont les propriétés délétères sont d'ailleurs justement redoutées.

Nous trouvons, du reste, dans cet énoncé, une nouvelle manifestation du fait que nous citions dans la première partie en traitant des extraits de viande : je veux parler de l'entraînement par les gaz des molécules odorantes ou sapides.

Les gaz, en effet, en sortant d'un milieu quelconque, emportent toujours avec eux une certaine partie de ce milieu, quelle que soit sa nature ou sa qualité. On peut justement les comparer à un linge sortant d'un liquide ; quelques soins qu'on puisse prendre, le linge conservera toujours dans ses interstices des molécules liquides.

Les gaz jouent exactement le même rôle.

Si donc ces gaz sortent d'un produit assimilable, comme l'extrait dont nous parlions, ils tendront à le dépouiller de son arome, de ses agents sapides. Si au contraire ils s'exhalent d'un milieu infect, ils porteront avec eux les traces de l'infection dont ils se sont souillés.

Il est utile de bien apprécier ce fait, de comprendre que les gaz sont des véhicules puissants, dont il faut toujours savoir tenir compte.

Nous allons, du reste, avoir à insister presque immédiatement sur cette propriété.

Si la fermentation produit les phénomènes que nous venons d'indiquer et en rend apparentes les conséquences, elle n'est que la cause intermédiaire qui amène la putréfaction. Elle est elle-même le résultat d'une action préexistante.

Cette action ne se produit pas toujours dans des conditions identiques.

Tantôt elle est amenée par des circonstances extérieures;

Tantôt, au contraire, elle est produite par une action toute interne.

Extérieure, c'est l'air qui est le véhicule transmetteur;

Intérieure, c'est la chair elle-même qui renferme les éléments de dissolution.

Cet énoncé exige quelques développements dans lesquels je vais immédiatement entrer.

Il y a dans la nature une loi égale à celle de vie; cette loi, c'est la loi de mort.

Il fallait, en effet, pour que la succession des êtres puisse se perpétuer, que la disparition des vivants se fasse régulièrement. La mort devait donc les frapper.

Mais pour que cette disparition se fasse méthodiquement, sans désordre; que la mort n'envahisse pas la nature, mais n'en soit qu'une partie constituante, tout a été organisé dans la création de façon à ce que par la vie même, qui renaît sans cesse, les conséquences de la mort disparaissent.

C'est ainsi que dans l'ordre ordinaire de la création nous voyons les animaux absorbés les uns par es autres, depuis le degré le plus élevé de l'échelle organique jusqu'au dernier. Au-dessous des êtres composant cette région infime nous trouvons, et dans un champ que la science n'a pas encore suffisamment exploré, nous trouvons, dis-je, des organismes plus inférieurs, plus délicats, si je puis dire, qui ont pour mission expresse d'activer encore la désorganisation de ce qui a vécu.

Cette précaution de la nature a une grande opportunité.

La matière, en effet, n'a pas en elle-même la faculté de se décomposer. La loi d'affinité qui unit ses molécules a une puissance telle, qu'elle se perpétue même après la mort. Elle n'est donc pas par elle-même décomposable.

Mais tout a été prévu.

En donnant aux corps organiques une cohésion assez puissante pour que les agents ordinaires de désagrégation ne puissent les attaquer, la nature a prévu le cas où, la mort venant, la décomposition serait une nécessité.

Pour ce faire elle a répandu dans l'atmosphère une masse de germes infiniment petits.

Ces germes ont une propriété, celle de s'implanter dans les substances organiques, surtout celles privées de vie, de s'y développer, d'y végéter, de s'y multiplier.

Or le produit de la végétation de ces êtres, c'est précisément la réduction des molécules composées en molécules plus simples.

Leur fonction est donc réellement une fonction chimique, réductrice; aussi a-t-on donné à ces corps le nom de ferment qui représente leur action désagrégeante; tandis que les corps organisés qui subissent cette action portent le nom de corps fermentescibles.

27. FERMENTS. — Les ferments sont des organismes infiniment petits, qui ont pour mission, d'après ce que nous venons de voir, de réduire la matière animale ou végétale, de la transformer en agents encore composés, c'est vrai, mais propres à prendre place active dans l'ensemble vivant, particulièrement être absorbable à un degré quelconque par la végétation.

Et, en effet, si nous nous bornons au cas qui nous occupe, nous voyons que tous les produits de la décomposition animale sont assimilables par les plantes.

C'est d'abord l'acide carbonique qui est absorbé et décomposé par elles;

Ce sont ensuite les gaz ammoniacaux, sulfurés, phosphorés, qui sont ramenés par les pluies dans la terre et y constituent un élément puissant de réparation ;

Enfin ce sont les sels, les produits gras qui, résistant plus longtemps, n'en constituent pas moins des agents certains de fertilité.

Quant à l'eau et à l'azote qui peuvent se dégager libres, ils entrent immédiatement dans la circulation générale et sont eux-mêmes des produits utiles à la végétation.

Ces considérations montrent l'importance, dans la nature, du phénomène que nous avons à combattre et le rôle précieux, énergique, que jouent les ferments.

La science compte un certain nombre de ferments qui tous n'existent pas dans l'air. On doit cependant considérer celui-ci comme étant le véhicule primordial de ces agents et comme étant le corps chargé de les distribuer le plus largement.

Partout, en effet, où pénètre l'air, pourvu qu'on ne dépasse cependant pas certaines altitudes, on trouve ces corpuscules, quoiqu'ils soient si petits que l'œil ni le microscope n'aient encore pu les apercevoir.

Il est cependant quelques matières qui permettent de tamiser l'air et d'en séparer ces germes.

Ces matières sont les fines substances filamenteuses, le coton par exemple.

M. Pasteur a le premier reconnu que l'air filtré à travers un tampon de coton avait perdu la propriété de faire fermenter les substances fermentescibles. Il a reconnu la même propriété aux tubes affectant des sinuosités. Il semble que l'air restant immobile dans ces sinuosités, les germes s'y déposent, n'arrivent plus à la matière fermentescible.

Les expériences du savant observateur ont jeté un jour puissant sur cette question, et c'est à elles que nous devons de pouvoir apprécier le rôle important que joue l'air dans les fermentations.

Afin de bien faire comprendre cette importance, je veux résumer en quelques mots ce qu'ont été les travaux de l'illustre savant. Ils intéressent trop le sujet qui nous occupe pour que nous ne nous y arrêtions pas quelques instants.

28. Expériences de M. Pasteur. — M. Pasteur a enfermé dans des ballons en verre des liquides très-fermentescibles. Ces liquides étaient introduits bouillants dans les appareils, ou mieux avaient bouilli dans les vases mêmes.

Les uns ont été abandonnés à l'air libre ;

Les autres ont été remplis avec de l'air qui avait été calciné; ils étaient immédiatement fermés à la lampe.

Les premiers sont entrés en fermentation dans un temps très-court, les autres au contraire se sont conservés deux, trois ans, sans montrer la moindre trace de fermentation.

Pour rendre plus manifeste l'action de l'air, au bout de ce temps, M. Pasteur rompait le col des ballons non fermentés et y faisait arriver de l'air neuf pris simplement dans l'atmosphère.

Dans l'espace de deux, trois, quatre jours, suivant la température, la fermentation qui avait résisté pendant deux, trois ans sous l'influence de l'air calciné, se manifestait nettement sous celle de l'air ordinaire.

M. Pasteur a répété ses expériences en les variant un tel nombre de fois et de tant de façons, qu'il a mis hors de doute les conséquences que j'indique, lesquelles ont jeté un jour puissant sur cette grave question.

29. ACTION DE LA TEMPÉRATURE SUR LA PUTRÉFACTION. — M. Pasteur a de plus reconnu que la température de 25 à 40° est celle qui est la plus favorable à la manifestation du phénomène, tandis

que celles de 0° et de 100° le neutralisent complète-
ment.

Ces résultats sont tout à fait d'accord avec ce
que la pratique avait depuis longtemps constaté
sans en connaître la cause.

Tout le monde sait, en effet, que plus on ap-
proche de l'équateur, où la température la plus
chaude est rencontrée, plus vive est la fermentation.
par conséquent plus rapide aussi est la putréfaction ;

Qu'au contraire, lorsqu'on arrive à 0°, elle disparaît ;

Qu'enfin la coction prolonge la conservation des
substances organiques.

Ces résultats sont uniquement basés sur ce fait
que la température à 0° laisse les germes inertes,
que celle de 100° comme la coction les tue (il faut
quelquefois arriver à 105° et 106°) ;

Que celle de 25 à 40° est la plus propre aux
développements de la vie chez ces petits êtres et
qu'elle coïncide, par conséquent, avec leur rapide
propagation.

Nous avons vu (page 36) que le procédé d'Appert était basé sur l'emploi de ce principe et l'immense parti qui en avait été tiré, alors même qu'on
ignorait sa véritable théorie.

L'influence de la température sur la fermentation vient démontrer l'analogie frappante qui existe entre les végétations ordinaires et celles microscopiques qui nous occupent.

De même que certaines plantes exigent pour vivre, prospérer, se multiplier, une température déterminée; de même aussi les ferments exigent des températures spéciales pour se développer, vivre, se reproduire.

C'est ainsi que le *mycoderma cerrisiæ* est inerte à 0°, végète utilement à 7°, 8°, 10°, puis au-dessus se multiplie avec une énorme activité, mais alors se mélangeant de ferments parasites.

Le *mycoderma aceti*, qui est un de ces parasites, exige, lui, une température plus élevée. Il lui faut dans le moût de bière, par exemple, une température de 20 à 25°.

Le ferment lactique, à son tour, se produit vers 25 à 30°.

Notons encore que ces températures varient dans leur effet avec le milieu dans lequel végètent ces ferments.

C'est ainsi que le *mycoderma cerrisiæ* ou *vini* végète à 7 ou 8° dans le moût de bière, tandis qu'il lui faut une température de 15 à 18° pour se développer dans le moût de raisin.

Les données que nous avons sur ces intéressants sujets sont malheureusement encore bien limitées.

Il y a là, comme en bien d'autres points de la science, un champ fertile pour l'observation.

L'étude bien complète des propriétés végétatives de ces infiniment petits aurait donc un haut intérêt. Elle conduirait à l'établissement d'une flore microscopique, et dans les faits recueillis il y aurait pour l'industrie la source d'utiles applications.

Mais laissons à l'avenir sa tâche.

30. ACTION DE L'HUMIDITÉ. — La chaleur n'est pas le seul agent qui favorise la fermentation. L'humidité est nécessaire à sa production.

Nous savons, en effet, qu'un temps chaud, humide, favorise la putréfaction, tandis que la dessiccation est un mode de conservation des substances animales.

L'eau agit en ramollissant les tissus, les laissant plus facilement se désagréger, enfin en donnant aux germes que colporte l'air, l'humidité nécessaire au développement de leur organisation.

Un exemple de l'influence de l'eau sur la manifestation de la vie chez les êtres infimes dont nous parlons, est rendu très-sensible par une expérience maintes fois répétée sur les rotifères, animalcules un peu plus élevés que les ferments dans l'échelle organique.

Mis à sec, le rotifère ressemble à un grain de poussière microscopique, on peut ainsi le conserver indéfiniment. Mis dans l'eau, sans autre précaution, on le voit renaître à la vie et reprendre ses fonctions ordinaires. L'expérience peut être renouvelée un grand nombre de fois sur le même animal, chaque fois on le voit s'endormir, se réveiller, quelle que soit la durée du temps pendant lequel on l'a conservé desséché.

La levûre de bière nous fournit également un exemple de ce fait. Pressée, séchée, elle reste longtemps inerte, engourdie, pour se réveiller dès qu'elle rencontre un milieu convenable et suffisamment étendu d'eau. Cette propriété est assez intense pour être mise à profit par l'industrie.

C'est avec ce moyen, en effet, qu'on peut conserver, porter au loin la levûre et la tenir à la disposition des distilleries, boulangeries, etc., etc.

L'action de l'humidité n'a pas seulement pour objet de fournir aux germes l'eau nécessaire au renouvellement de leurs organes, elle a encore pour but de les ramener plus aisément sur le sol.

Tantôt l'humidité de l'air se traduit par une

abondante condensation dégénérant en pluie. Cette pluie entraîne vers la terre les germes qu'elle rencontre et leur présence n'est pas étrangère aux quantités d'ammoniaque qu'on constate dans les eaux météoriques. La pluie constitue donc l'élément d'un véritable nettoyage atmosphérique.

Tantôt, au contraire, l'humidité alourdit simplement les germes; encore dans ce dernier cas elle détermine leur chute aussi bien que celle des autres corpuscules que contient l'air.

Faraday a fait l'expérience que voici et qui démontre la réalité du fait que j'indique.

Chargé de rendre plus saine l'atmosphère que respiraient dans leur palais les membres de la Chambre des communes, il plaça, à chaque extrémité de la salle, une assiette posée sur une feuille de papier blanc.

L'une de ces assiettes était vide.

L'autre contenait de l'eau.

La première resta intacte;

La seconde et le papier qui l'entourait se couvrirent d'impuretés.

Les impuretés étaient de simples corpuscules, soit germes, soit poussières qui voletaient dans l'air.

Passant au-dessus de l'assiette vide, rien ne tendait à les faire descendre.

Passant au-dessus de l'assiette pleine d'eau, la vapeur qui constamment s'en échappait, les alourdissait ; elles tombaient.

C'est donc, on le voit, un rôle bien important que celui joué par l'humidité dans la question des ferments aériens, et cette circonstance ne doit jamais être perdue de vue quand il s'agit de conservation.

31. ACTION DE L'AIR. — L'action de l'air n'a pas l'effet qu'on lui suppose ordinairement.

Tandis qu'on croit généralement sa présence nécessaire à la marche de la fermentation putride, elle n'est utile qu'à son ensemencement.

En effet, si les germes, ou pour mieux dire les mycodermes, puisque c'est là le nom qu'a donné la science à ces agents de fermentation, si les mycodermes, dis-je, sont le corollaire de la présence de l'air, ils n'ont pas besoin, pour la plupart, de cet agent pour végéter et se perpétuer.

Prenant au contraire souvent l'oxygène à la matière elle-même, ils activent le dédoublement des molécules en enlevant à elle seule les éléments du corps qu'ils produisent.

C'est ainsi que dans la fermentation alcoolique l'acide carbonique qui s'exhale est formé tout entier aux dépens du sucre. C'est ainsi encore que dans les conserves en vases clos, mais mal préparées, le ferment qui a échappé à la chaleur trouve à agir, à se multiplier et à produire son action dévastatrice, quoique l'air extérieur ne puisse pénétrer.

Toutes les boîtes de conserves dont on trouve, en les ouvrant, le contenu corrompu, ne doivent leur corruption qu'à ce fait :

L'action de la chaleur n'a pas été suffisante, tous les germes n'ont pas été tués, il n'en a fallu qu'un peut-être pour commencer l'œuvre de destruction et la propager.

Là est une des raisons qui engage le fabricant de conserves Appert à chauffer à hauts degrés, c'est-à-dire jusqu'à 105 et 110°.

Les corps organiques sont mauvais conducteurs du calorique ; il peut se faire que, si l'opération n'a pas été tenue assez longtemps à la chaleur, le centre des boîtes ne soit pas porté au degré voulu.

En augmentant l'intensité calorifique, les fabricants facilitent la pénétration du calorique ; ils assurent donc la réussite de l'opération, et cette précaution doit être d'autant plus sérieusement prise que les boîtes sont volumineuses et que par conséquent la chaleur peut avoir peine à pénétrer leur contenu.

C'est précisément parce que la fermentation n'a pas besoin d'air pour se propager quand elle est implantée, que dans le vide, j'en ai l'expérience, la viande se putréfie sous l'action de la chaleur.

De la viande exposée à un vide mesurant 5 millimètres de mercure exhalait au bout de trois jours une odeur fétide, repoussante, la température ayant été de 25 à 28°.

La viande avait été ensemencée avant l'opération; les germes, sous l'influence calorifique, s'étaient développés, avaient agi. La machine pneumatique avait bien pu retirer l'air du récipient, elle avait pu retirer l'acide carbonique qui se formait au fur et à mesure de la corruption, mais elle n'avait pu extraire les germes préexistants, par conséquent la corruption s'était produite quand même.

C'est par cette même raison que les atmosphères artificielles et inertes, comme l'azote, par exemple, n'empêchent pas la corruption.

Si la viande qu'on plonge dans elles a pu être préservée des germes, elle se conservera. Si elle ne l'a pas été, elle se gâtera infailliblement.

32. FERMENTS INTERNES. — Jusqu'ici nous nous sommes occupés des ferments amenés par l'air et agissant sur la matière morte, mais il ne faut pas

inférer de là que ces ferments restent sans action sur les êtres vivants. Loin de là, au contraire. Quelque robuste que soit la vie, elle-même est soumise à leur influence.

La science n'a pu encore définir d'une manière rigoureuse la nature et le mode d'action de ces agents mystérieux. Elle est toutefois assez avancée pour qu'on puisse admettre, sans crainte d'erreur, que les maladies épidémiques, qui désolent notre humanité, sont dues à la présence de ferments analogues à ceux dont nous avons parlé.

Cette donnée n'est pas, je le sais, accueillie par tous.

Il peut paraître singulier que des êtres aussi bas placés dans l'échelle organique puissent s'attaquer à des vitalités aussi puissantes que celle de l'homme, et vaincre l'antagonisme qui leur est par elle opposé.

Cependant, quand on voit certaines maladies comme la pourriture d'hôpital se propager dans des locaux où les hommes sont amassés et constituent une atmosphère spéciale ; quand on voit les sections faites sur des hommes sains et vigoureux devenir rapidement funestes, il est évident qu'il y a là un ensemencement putride qui s'attache à l'être vivant, l'envahit et finalement le fait succomber sous l'action réductive qu'exercent les germes qui se sont implantés en lui [1].

Ce n'est pas seulement dans les hôpitaux et par

[1]. Cette question des germes agissant sur les sections vives et s'intro luisant ainsi dans l'organisme m'avait préoccupé pendant le siége. Pénétré de l'importance du rôle que jouaient ces corpuscules dans les opérations chirurgicales, j'avais appelé l'attention sur l'emploi du froid sec appliqué aux amputations.

L'analogie de ce fait avec ceux qui nous occupent m'engage à reproduire en quelques lignes ce que j'écrivais alors, et qui parait toujours à mes yeux d'une rigoureuse exactitude.

Quel que soit le genre de pansement qu'il s'agisse de faire, la glace est généralement pilée, placée dans une membrane — vessie ou caoutchouc — et posée sur la partie amputée.

Qu'arrive-t-il de ceci ?

C'est qu'une partie de la glace est bien fondue par la chaleur humaine, mais qu'une autre, et plus considérable, l'est par la chaleur de l'air ambiant, qui, actionné par les courants mêmes qu'établit le froid, se renouvelle constamment sur la glace.

La conséquence de ceci est que l'air se refroidit, mais qu'en même temps il condense une grande partie de l'eau qu'il tenait en suspension.

Si cet air était parfaitement pur, ce fait n'aurait d'autre gravité que de mouiller, imbiber la plaie, ce qui serait déjà un inconvénient.

Mais il est une conséquence autrement importante sur laquelle je veux précisément appeler l'attention :

Cette conséquence, c'est que la vapeur en se condensant entraine la précipitation de tous les corps véhiculés par l'air et qu'ainsi nous portons précisément sur la plaie, par le moyen de cette continuelle condensation, tous les ferments que ren-

les sections vives que les germes dont nous parlons peuvent s'introduire et causer de néfastes ravages.

ferme l'atmosphère et qu'il importe tant cependant d'écarter.

La gravité de ce fait empire encore, si l'on veut bien considérer que la plupart des pansements se font dans les hôpitaux, c'est-à-dire dans une atmosphère chargée de miasmes délétères, dont nul ne méconnaît la maligne influence.

Je n'insisterai pas autrement sur cette partie de la question; je ferai seulement remarquer que, si nous voulions recueillir les miasmes que contiendrait une atmosphère quelconque, nous n'aurions pas, que je sache, de moyen plus sûr que celui que nous offrirait la condensation des vapeurs qu'il renferme.

Eh bien, je le répète, c'est ce produit infect, empoisonné, qui seul se putréfierait rapidement, qu'à l'aide de la glace nous versons sur la plaie, c'est-à-dire sur un milieu éminemment propre à recevoir les influences fermentescibles. En un mot, au lieu de protéger la blessure, nous y charrions les principes morbifiques.

Cette situation m'a paru tellement anormale, que j'ai cru faire œuvre utile en appelant sur elle l'attention de l'Académie.

Mais il ne suffit pas d'indiquer le mal, il faut encore autant que possible indiquer le remède.

Ce remède consiste, suivant moi, dans l'emploi du froid, mais *du froid sec,* appliqué non-seulement à la partie malade, mais encore à l'air qui la baigne.

Je ne m'arrêterai pas à décrire l'appareil que j'avais imaginé dans le but de produire ce froid sec, mais j'ai tenu à en signaler l'opportunité, car cette question intéresse hautement l'humanité et, par tous les moyens possibles, je voudrais contribuer à la bien faire comprendre.

L'acte de la respiration met nos poumons en contact constant avec eux.

Dans la respiration, en effet, l'air vient se diviser dans les nombreuses ramifications que présentent les poumons; il leur est donc facile de se déposer sur les molécules sanguines revivifiées et d'être entraînés par elles dans la circulation.

Si la chaleur que produit la respiration pulmonaire était assez intense pour tuer ces germes, la conséquence de cette absorption n'aurait aucun inconvénient.

Mais, au contraire, la température qui se produit est justement favorable au développement de ces êtres.

Il y a donc là évidemment une cause de propagation dans les maladies épidémiques et en même temps la preuve de l'importance qu'il y a en ce cas à user largement d'antiseptiques gazeux.

La présence de ces germes chez l'être organisé ne se traduit pas toujours par la mort.

D'abord tous les êtres ne sont pas doués de la même vitalité; il peut donc se faire que certains soient assez puissants pour résister à leur atteinte tandis que d'autres, moins bien portants, prédisposés, peuvent aisément subir leur influence.

Dans ce dernier cas la mort peut être immédiate

aussi bien chez l'animal que chez l'homme. Dans le premier cas, au contraire, les germes peuvent s'implanter dans les organes, s'y maintenir inertes tant que la vie réagit contre eux, pour ensuite se réveiller actifs dès que celle-ci aura disparu.

L'alimentation elle-même permet l'introduction dans l'organisme d'êtres parasitaires. Toutefois dans cette circonstance ce sont moins les germes venant de l'air qui paraissent ainsi s'emmagasiner, que ceux provenant d'espèces déjà existantes et subsistant à l'état embryonnaire dans les aliments.

C'est ainsi que l'usage de la viande crue amène souvent chez l'homme la présence de vers intestinaux, et surtout du ténia; que celle du porc amène celle des trichynes; qu'enfin presque tous les êtres animés sont remplis de parasites. Les uns vivent aux dépens de la santé, tandis que les autres restent inactifs pendant la vie pour se réveiller au moment où la mort, ôtant aux organes toute vigueur, les laisse accomplir leur œuvre de transformation.

33. Résumé. — Nous nous sommes un peu étendu sur cette question, mais il importait de bien comprendre l'action qu'exercent sur la matière organique les agents fermentescibles qui, de toute part, l'environnent et tendent constamment à en amener la destruction.

Ceci bien compris, notre tâche deviendra plus aisée.

Nous verrons, en effet, que, pour s'opposer à la destruction de la matière organique, à la putréfaction en un mot, il nous faudra nous attacher à un fait :

Annihiler d'une manière absolue les causes qui peuvent la produire.

Pour cela, nous avons tous les moyens qui ont été passés en revue dans la première partie de cet ouvrage.

Entre tous, quatre se présentent comme étant plus énergiques, ce sont :

Les agents antiseptiques,
La coction,
Le froid,
La dessiccation.

Les *agents antiseptiques* agissent principalement en coagulant l'albumine et par conséquent s'opposant au développement des germes redoutés.

La *coction* les détruit absolument. Un exemple

de cette influence peut être apprécié par tous les Parisiens.

En ce dernier typhus, vestige des maudits qui sont venus souiller notre sol, nous avons eu tous, ou presque tous, à manger de la viande plus ou moins malade. La coction faisait disparaître l'élément morbide, et en somme s'il n'y a pas eu dans ces viandes la nourriture réparatrice qu'il fallait désirer, il n'y a pas eu non plus les atteintes maladives qu'on aurait pu redouter.

Le typhus bovin est cependant une maladie terrible, qui ne fait pas grâce à l'animal qu'il frappe ; mais d'une part son inoculation à l'homme ne paraît pas se manifester, de l'autre la cuisson faisait disparaître le germe, c'est-à-dire l'élément redoutable.

Le *froid*, nous aurons à en parler bientôt. Disons seulement, pour démontrer son énergie, que l'influence de la chaleur est telle sur les substances organiques, qu'elle modifie profondément les résultats que peut donner la putréfaction.

Une expérience de M. Auguste Smith sur le sang, ce liquide exclusivement animal, montre cette influence spéciale.

Au-dessous de 10° le sang ne se décompose pas facilement.

Au-dessus, la décomposition se manifeste et devient d'autant active que la chaleur augmente; à 22° elle est très-rapide.

Si en vérifiant les produits de la décomposition on veut juger par leur volume de cette activité on trouvera alors les résultats suivants.

A 16° la putréfaction d'un demi-litre de sang donnera 100 centimètres cubes d'acide carbonique en vingt-quatre heures. A 22° la même quantité, dans le même temps, donnera 400 centimètres, c'est-à-dire quatre fois plus pour une augmentation de seulement 6°.

Il est du reste inutile d'insister longuement sur ces faits; tout le monde sait que non-seulement la viande, mais le beurre, les œufs, etc., subissent de l'influence de la chaleur une action dévastatrice considérable, action facilement explicable après tout ce que nous venons de dire.

La *dessiccation* laisse le corps dans l'état où il a été amené. La vie corpusculaire ne peut, faute d'eau. s'y développer; dès lors action conservatrice ou, pour mieux dire, inerte [1].

---

1. Les matières entièrement séchées sont incapables de fermenter, tout comme celles qui seraient refroidies à la congélation ou échauffées à l'ébullition de ce liquide.

CH. GERHARDT.

Ce sont ces deux derniers moyens qui seuls vont maintenant nous occuper, d'une part parce que leur pouvoir est absolu, d'une autre part parce qu'ils sont basés sur des actions naturelles et que c'est à ce titre que nous leur avons donné toute notre attention.

Nous allons immédiatement aborder l'étude du premier de ces moyens, c'est-à-dire l'application du froid.

CHAPITRE II

CONSERVATION DE LA VIANDE PAR LE FROID

APPLIQUÉ A LA GRANDE NAVIGATION.

Généralités.

34. Détermination d'un centre d'exploitation. — Le sujet qui va nous occuper nous transporte au loin, dans l'un de ces heureux pays où le sol encore vierge nourrit d'innombrables troupeaux.

Nous choisirons l'Amérique du Sud dans la partie arrosée par les fleuves Uruguay et Parana, contrée qui semble par ses productions naturelles, destinée à devenir le pays nourricier de notre vieille Europe.

Quelques mots sur ces fertiles territoires.

Toute la partie dont nous pouvons ambitionner l'exploitation est comprise entre les 22ᵉ et 41ᵉ degrés de latitude sud et entre le 72ᵉ et le 55ᵉ degré longitude ouest de Paris.

Ainsi que la planche première le montre, elle

comprend l'Uruguay, la Confédération Argentine, le Paraguay, soit un immense espace d'environ 90,000 lieues marines carrées, ou de **270** millions d'hectares.

Cette vaste contrée est bornée au sud par la Patagonie; à l'est, par l'océan Atlantique; à l'ouest, par la Cordillière; au nord, par le Brésil et la Bolivie, et trouve dans la Plata, immense fleuve formé par la réunion de l'Uruguay et du Parana, un exutoire naturel à toutes ses productions.

Cette zone constitue une sorte d'Éden.

Tout y pousse à merveille, et comme les bras y manquent, la population n'y étant pas en rapport avec l'étendue [1], il en résulte qu'on cultive fort peu et que presque tout est à l'état de prairies éternelles. D'innombrables troupeaux sont les hôtes heureux de ces pâturages abondants.

Le bétail est du reste bien évidemment le matériel agricole de la première culture.

Le sol pousse ses vigoureuses végétations;

L'animal les récolte, transforme la récolte en la condensant; de plus il fume le sol.

1. Il y a moins d'un habitant (0,60 centièmes d'habitant) par kilomètre carré.

En France il y en a 67, toujours par kilomètre carré, soit environ 100 fois plus.

Avec lui donc, rien de perdu, c'est une exploitation complète.

Elle atteint même un degré de perfection que nous ne savons pas, nous, atteindre avec notre science, notre labeur.

En effet, l'animal ne prend au sol qu'absolument les produits qu'il nous donne, tout le reste y est nécessairement par lui restitué. L'homme, au contraire, met tous ses soins à prendre le plus possible et ne restitue presque rien.

De là, la pénurie qui va croissante là où nous vivons ;

De là, la fertilité qui reste permanente dans les contrées primitives, fertilité qui doit nous rassurer et qu'il importe à ce titre de bien préciser.

Le bétail est donc pour ces contrées non-seulement un élément de fortune, mais encore un instrument de conservation de la richesse agraire.

Plus au nord, par exemple, on rencontre le Brésil, dont les tropicales chaleurs ne permettent plus l'élevage.

Plus au sud, des pays encore riches en pâturages, mais plus froids, habités par des races encore indomptées et n'offrant d'ailleurs pas d'intérêt, puisque dans le cercle que j'indique il y a une plus ample récolte, que nous ne la ferons immédiatement, de l'aliment qui nous manque.

Les statistiques relatives à ces vastes territoires sont loin d'être complètes ; grâce cependant au remarquable ouvrage de M. Martin de Moussy, pour la confédération Argentine, à l'obligeance de M. E. Tiberghien Ackermann, consul général chargé d'affaires de la république orientale de l'Uruguay, auquel je dois mes meilleurs remercîments pour la bienveillance avec laquelle il a bien voulu se mettre à ma disposition, il me sera possible de réunir des chiffres qui nous donneront des résultats intéressants.

Des données recueillies par M. E. Tiberghien Ackermann il résulte que dans l'Uruguay la distribution du bétail se résume aujourd'hui par les chiffres suivants :

Bœufs et vaches. 8.096.000

Moutons. 4.618.000

Dans la confédération Argentine les évaluations sont moins positives. M. Martin de Moussy énonce pour les trois provinces de Buenos-Ayres, Entre-Rios, Corrientes, les proportions suivantes :

Bœufs et vaches.. . . . . 6.500,000

Moutons.. . . . . 22.500,000

Comme on le voit, l'élève du mouton est plus développée dans la confédération Argentine que dans l'Uruguay. Cette situation tient à ce que la viande salée manquant de débouchés, la production bovine, par suite, n'était plus autant sollicitée par les saladeros [1]. Dans ces conditions les propriétaires ont été amenés, naturellement, à favoriser l'élève du mouton, dont le produit — la laine — reste toujours d'un débit assuré.

Mais il n'y a là, on le voit, qu'une situation momentanée. Vienne la demande de viande de bœuf, la production se reportera avec facilité à l'élève du bétail ovin, et, en effet, le sol étant aussi propre à alimenter l'une ou l'autre espèce, il n'y a d'autre raison, pour en développer la génération, que la facilité de réalisation.

Les chiffres que je viens de citer pour la république Argentine sont loin d'être complets ; ils n'ont rapport qu'à trois provinces, il en est quatorze autres sur lesquelles les données statistiques font défaut.

En évaluant à 6,500,000 bœufs ou vaches la quantité afférente à ces provinces, et à environ 8.000,000 le nombre des moutons, chiffres qui sont

1. Établissements spécialement destinés à l'abatage des animaux.

plutôt au-dessous qu'au-dessus de ce que les données connues permettraient d'estimer, nous arrivons au chiffre total de :

> Bœufs et vaches.. . . . .   21.000,000
> Moutons.. . . environ.   35.000,000

Ces chiffres, quelque considérables qu'ils soient
déjà, ne représentent pas le maximum de puissance
productive.

Si dans la république Orientale l'élève des bestiaux a pris une certaine extension qui ne permet-
trait plus qu'un développement restreint, dans la
confédération Argentine il y a d'immenses espaces
encore inhabités et qui ne demandent qu'à être
exploités.

Mais limitons-nous à ce qui existe, soit au chiffre
plus haut cité de 21 millions. Cette production
pouvant être renouvelée tous les trois ans, c'est en
résumé 7 millions de bœufs que le seul bassin de
la Plata peut abattre annuellement.

En admettant que la population, qui est de
1.546.000 habitants [1], absorbe le tiers de cette

---

1. Défalcation faite du Paraguay, dont nous avons négligé
la production actuelle, ne le réunissant au bassin indiqué que
pour faire ressortir sa situation et la possibilité qu'il y aura plus
tard d'en retirer des produits.

production, il reste au moins 4,150,000 bœufs qui pourraient chaque année arriver sur les marchés de tous les mondes.

Je dis de tous les mondes avec raison.

Ces contrées, quoique peu avancées au point de vue industriel, ne laissent pas tout perdre.

Le *tasajo*, cette viande conservée dont j'ai déjà parlé, s'exporte en notable quantité, mais seulement à Cuba, Porto-Rico et au Brésil.

Il y a donc par ce fait utilisation d'une certaine partie des animaux.

Mais quand la viande sera mieux préparée, elle remplacera ce produit et ira sur tous les marchés servir la consommation au grand profit des producteurs, qui non-seulement pourront développer largement l'élevage, mais encore recevront des prix plus rémunérateurs.

Ceci m'amène à parler de la hausse sur le bétail.

Elle se produira évidemment, mais en minime proportion. Et, en effet, admettons une augmentation de 5 francs par tête de bétail, ce qui est insignifiant pour nous autres consommateurs.

Cette augmentation appliquée à 21 millions de têtes représentera pour la propriété une plus-value, dans le revenu annuel, de 105 millions.

Cette plus-value sera d'autant plus satisfaisante qu'en somme elle ne coûtera aucun effort aux producteurs.

Mais alors on verra partout les exploitations se multiplier. On verra la production se développer et compenser par la quantité la grandeur des besoins.

Tout en profitant de cette situation, nous aurons donc porté là un élément puissant de prospérité, puisqu'il permettra la mise en exploitation de terrains sans valeur, aujourd'hui, auxquels il ne faut pour être mis en rapport, que des débouchés à leur production.

Qui a fait cette riche contrée qu'on nomme aujourd'hui l'Australie et qui, il y a un demi-siècle, comptait à peine dans les terres habitables ?

L'élevage.

Il en sera de même là. Et si je tiens à bien démontrer l'exactitude de ce fait, c'est qu'il importe de bien comprendre que c'est à nous habitants d'un vieux monde, en partie épuisé, à créer l'industrie, puis à la porter dans les nouveaux continents.

Partout où nous agirons ainsi, la richesse du sol se développera à notre profit.

Nous éviterons en même temps une rupture d'équilibre entre la consommation et la production.

rupture déjà existante pour nous, et qui, sans la possibilité que j'indique, deviendrait pour l'avenir une cause de sérieuses appréhensions.

C'est pour les calmer que j'ai tenu à montrer les facilités alimentaires que nous pouvons rencontrer dans le nouveau monde.

Ce but atteint, occupons-nous de préciser les applications à faire. Pour ce, voyons à déterminer les bases de l'exploitation à créer.

35. BASES DE L'OPÉRATION. — Nous admettrons qu'il s'agisse de Paris et d'y faire arriver chaque jour 100.000 kilogrammes de viandes fraîches, soit 36.500 tonnes par an.

La consommation de viande fraîche de toute nature a été, en 1868, de 148,684 tonnes.

Ce serait donc un appoint de près de 25 p. 100 que nous apporterions.

Mais les temps ont bien changé depuis 1868.

La production du bétail, par diverses causes, a été presque anéantie.

Même en admettant la reprise immédiate de la culture, il est impossible de prévoir les quantités qui arriveront sur le marché. Les 100.000 kilogrammes que j'indique deviennent donc un appoint d'une opportunité plus que considérable.

Je n'ai pas besoin de dire que ce chiffre n'a rien d'absolu.

Il représente, à 200 kilogrammes de viande par tête [1], une quantité de 500 bœufs par jour, soit environ 180.000 bœufs par an.

Nous avons vu que la production excédant les besoins du pays pouvait être représentée annuellement par un chiffre de 4 millions.

L'emprunt à ce stock de 180.000 têtes est donc peu de chose. Il indique, au contraire, la possibilité de multiplier les établissements de cette nature. Ce que nous allons dire de celui dont nous voulons poursuivre la formation s'appliquera à tous autres. C'est donc le type d'une véritable et nouvelle industrie que nous allons présenter.

Quel que soit le nombre des établissements à créer, l'opération se résumera dans son ensemble et pour chacun d'eux par :

L'abatage des animaux ;
L'expédition des viandes ;

---

1. Les bœufs dans la Plata ne pèsent guère plus de 380 à 450 kilos. Les vaches 1,5 en moins ; à 55 pour 100 de viande net, la proportion, en comptant autant de vaches que de bœufs, donne 205 kilos 15 par animal. Le chiffre de 200 kilos, on le voit, peut donc être considéré comme un élément approchant suffisamment de l'exactitude.

La réception et la vente au lieu de consommation.

En ce qui concerne Paris la question se compliquera un peu plus, puisque nous aurons nécessairement un transbordement à faire supporter à la viande.

Nous allons étudier immédiatement l'ensemble des opérations que comportera cet approvisionnement spécial. Pour faire cette étude commodément, nous la scinderons en autant de paragraphes qu'il y a de points principaux à étudier.

Commençons par la première opération, l'établissement d'abatage.

§ 1ᵉʳ.

Établissement d'abatage.

36. Utilité d'un établissement d'abatage. — A première impression, il semble que cette question ne doive pas concerner l'exploitation projetée. Il est, en effet, des établissements, les *saladeros*, déjà créés dans les principales villes de l'Amérique du Sud, qui se livrent à l'abatage et à l'expédition des produits en provenant. Il paraîtrait donc plus simple de profiter de leur concours.

L'étude de la question m'a démontré que ce serait une faute de s'attacher à ces établissements et que la première condition du succès était avant tout de pouvoir choisir l'animal vivant, de le conserver en pleine santé, sans qu'il ait fatigué jusqu'au moment de le tuer; en un mot, de rester maîtres de ses moyens d'action, depuis le commencement jusqu'à la fin de l'opération.

Dans ces conditions, la création d'un atelier d'abattage devient de première nécessité. Nous allons en étudier les détails.

37. Choix de sa situation. — J'ai indiqué, dans un premier travail, qu'au début surtout il était préférable de s'établir dans l'Uruguay ou sur la rive droite du Parana, et la raison de cette préférence est que la viande, dans ces régions, est immédiatement de qualité supérieure.

Je dis immédiatement avec intention.

Je n'entends pas du tout, en effet, proscrire les autres contrées dont l'appoint producteur est au contraire fort intéressant à conserver. Je veux dire seulement ceci, c'est que le sol que j'indique, tout en étant mieux arrosé, est généralement plus élevé que celui du reste des rives de la Plata et affluents. Le terrain y est moins marécageux, l'herbe y est plus tendre, plus abondante, ces localités sont par suite plus aptes à fournir, sans culture, des animaux de qualité.

Or, au début, il nous faut tenir à prendre le meilleur là où il se trouvera. Plus tard, quand l'impulsion sera donnée, que partout on aidera au sol, qu'en un mot on donnera au bétail ces soins si aisés qui modifient sa chair, la rendent plus savoureuse, il n'y aura plus raison de choisir.

Mais, à la création de l'entreprise, il faut être sévère sur ce point et savoir se placer.

C'est pour cette raison que j'indique ces centres de production qui doivent plus particulièrement attirer notre attention.

Donc ce sera sur l'une des rives de l'Uruguay que nous aurons à créer le premier établissement. Admettons, pour fixer les idées, la Bande orientale dont la production plus considérable semble d'ailleurs nous inviter.

Sera-ce à Montevideo, sa capitale ?

Mille raisons ne nous y engagent pas, ou plutôt deux causes doivent nous en éloigner :

D'une part, les terrains y sont chers ;

De l'autre, à cause de la culture, la production est rejetée, assez loin de la ville.

Les animaux, pour y arriver, ont à fatiguer.

Il faut ou les tuer ainsi, ou les nourrir quelques jours.

Or la nourriture en sec, pour l'animal habitué à pâturer, c'est une mauvaise chose puisqu'elle change ses habitudes et lui constitue un état anormal qui, sans être maladif, n'est pas l'état sain.

Nous irons donc plus loin. Où? Je l'ignore encore, et ceci ne doit pas nous occuper.

La carte que présente la planche 1re nous laisse le choix sur le parcours des fleuves : la Plata, l'Uruguay, jusqu'au-dessous du Paysandu, soit un parcours d'environ 400 kilomètres dans l'intérieur, à partir de Montevideo. Nous sommes donc de ce côté tout à fait à l'aise [1].

La distance pour aller trouver l'établissement sera un peu plus longue que si nous séjournions au bas de la rivière. Mais que nous fait d'allonger la traversée d'un jour, de deux jours, avec les moyens dont nous disposerons ?

En retour nous trouverons pour nous établir des terrains suffisamment étendus, d'une valeur moins élevée ;

1. Sur le fleuve Parana, nous pourrions remonter beaucoup plus loin. La navigation, pour des navires tirant 4 mètres d'eau, type adopté dans cette étude, peut se poursuivre jusqu'au Paraguay, soit à plus de 900 kilomètres de Buenos-Ayres.

Nous nous placerons au milieu de la production, là même où nous pourrons trouver réunies et les espèces les meilleures et l'abondance des produits ;

Nous nous rapprocherons des contrées boisées.

Toutes facilités nous sont donc, à ce titre, laissées.

Nous n'avons par suite pas à nous préoccuper aujourd'hui de ce sujet ; mais ce qu'il nous est possible d'indiquer et ce que nous devons prévoir, ce sont les conditions qu'il nous faut rencontrer pour déterminer le choix à faire d'un emplacement convenable.

38. CONDITIONS A RÉUNIR. — Trois conditions principales doivent attirer notre attention :

La première est que cette situation soit assez élevée, comme sol, pour que les inondations y soient aussi rares que possible.

Sous ce rapport les rives de l'Uruguay ou celles du Parana, entre San-Pedro et le rio Carcarana, se trouvent être dans d'excellentes conditions. Les inondations y sont rares et de courte durée. Il est facile d'y trouver des positions à l'abri même de ces inconvénients.

La seconde est que l'eau conserve vers les bords

assez de profondeur pour que les navires puissent constamment charger sans trop s'éloigner du rivage.

Les berges des contrées que j'ai indiquées sont en bien des endroits coupées à pic ; la formation d'un port y est donc aisée.

La troisième, que derrière l'établissement s'étendent de vastes pâturages permettant le séjour des animaux amenés et leur réfection avant l'abatage dans les conditions ordinaires de leur vie.

J'insiste sur ce point, car, à mon sens, on ne saurait trop donner d'importance à cette question. S'attacher à laisser l'animal jusqu'au dernier moment dans son milieu habituel est à mes yeux une des premières conditions de tout établissement bien organisé.

Certes, il faudra bien faire marcher le bétail amené d'estancias plus éloignées, lointaines même. Un atelier, fondé sur une consommation journalière de 500 animaux [1], doit nécessairement rayonner

---

1. Nous avons vu que les saladeros opéraient parfois jusque sur 400 animaux par jour. La nécessité de centre d'approvisionnement s'est donc déjà fait sentir, et sous ce rapport nous n'aurions pas à innover un nouvel état de choses. Toutefois les précautions prises pour amener l'animal aux saladeros ne sont pas suffisantes : aussi, tout en mettant à profit les habitudes créées, nous aurons à y joindre les moyens pratiques, rationnels, que peut nous fournir l'industrie.

assez loin autour de lui. Cette nécessité n'a pas d'inconvénients sérieux si l'animal peut venir à petites journées, se repaissant dans les conditions ordinaires; si, arrivé, il peut s'ébattre, se reposer dans de vastes herbages. Sa migration a peu changé ses habitudes, son économie n'a pas souffert, sa chair reste normale.

Il n'en serait pas de même, je l'ai déjà dit, s'il fallait à son arrivée l'attacher à une crèche, le nourrir au sec.

Outre que la récolte du foin est presque impossible en ces contrées où la main-d'œuvre est rare, la perte de la liberté, le changement de nourriture, feraient qu'au lieu de tuer un animal sain, vigoureux, plein de vie, on ne tuerait qu'un animal morose, fatigué, maladif.

Ces lignes étaient écrites lorsque j'ai pu me procurer l'ouvrage de M. Martin de Moussy. J'ai vu par lui que la nécessité de créer des parcs d'abatage était déjà mise à profit par les saladeros.

Toutefois cette précaution ne suffit pas, grâce à l'esprit routinier des habitants qui se préoccupent peu de la viande, celle-ci n'ayant jusqu'ici pour eux qu'une valeur insignifiante.

Nous verrons dans un instant qu'il est possible d'obvier aux fatigues que subissent en route les animaux. Avant, il est utile de citer le propre texte de M. Martin de Moussy. Cette citation a surtout de l'importance, en ce sens qu'elle démontre qu'en ces contrées la chair des animaux est excellente, pourvu qu'ils ne soient pas surmenés.

« Les animaux, comme nous l'avons dit, se fatiguent souvent en route, avec quelque précaution qu'on les amène. Le nouveau fourrage, l'eau nouvelle les incommodent toujours un peu. De plus, ils souffrent plus ou moins de la soif et de la faim dans le voyage de leur estancia au saladero, voyage qui exige quelquefois huit, dix, quinze jours et même plus.

« Tout cela réuni fait que la qualité de la viande laisse parfois beaucoup à désirer.

« On ne s'en aperçoit guère à la viande salée et séchée, dont *le goût se trouve complétement déna-turé;* mais il en est tout autrement d'une conserve, dont la première condition, pour rester bonne, est d'avoir été faite avec une viande de première qualité. Cela est si vrai que, même dans les grandes villes, où l'on paye relativement la viande très-cher et où l'on choisit pour le public ce qu'il y a de mieux dans un troupeau, on la mange assez souvent médiocre ; à moins que la saison ne soit extrême-ment favorable, comme pendant le printemps et les étés un peu pluvieux, où les animaux trouvent abondamment à paître sur leur route, se fatiguent peu et arrivent tout frais à l'abattoir. *La viande est alors d'une qualité tout à fait supérieure et elle égale les meilleures qualités européennes.* »

Ainsi donc, travailler des animaux non fatigués, telle est une partie du problème à résoudre là-bas.

Il faut dire que ce n'est pas seulement à la Plata que cette circonstance a son importance.

En France même elle se présente journellement, et il n'est pas un éleveur ou un boucher qui ne soit prêt à insister sur ce point.

Toutefois, malgré cette expérience, cette conviction, les choses ne se passent pas toujours dans les conditions qu'exigeraient aussi bien l'intérêt du boucher que celui de la consommation.

Une sotte parcimonie, une négligence impardonnable, font souvent que, dans notre propre pays, les animaux de boucherie sont victimes de sévices indignes.

Voici sur ce sujet ce que rapportait une communication faite, il y a quelques années, à la Société protectrice des animaux :

« Nous avons vu les bestiaux privés d'aliments depuis leur arrivée aux marchés de Sceaux et de

Poissy, et quelquefois même depuis leur départ chez le nourrisseur. L'alimentation qu'ils devraient trouver en abondance à l'abattoir, étant facultative, reste presque toujours insuffisante. A peine si chaque bœuf reçoit une botte de paille pour vingt-quatre heures, et encore la confusion qui existe dans leur classement sert de prétexte à certains bouchers, qui, ayant dans leur bouverie des animaux ne leur appartenant pas, tandis que les leurs sont confondus dans d'autres étables, s'abstiennent de fournir de la nourriture dont ceux d'autrui profiteraient.

« Quant aux moutons, la ration ordinaire à l'abattoir est de deux bottes pour vingt têtes; or, comme ils sont entassés souvent de manière à ne pouvoir faire aucun mouvement et qu'ils n'ont qu'un râtelier unique, il en résulte que quelques-uns, seulement les mieux placés, prennent un peu de nourriture, tandis que le plus grand nombre en est privé. De plus, la distribution sans aucun contrôle étant faite par des garçons bouchers, jeunes, insouciants et persuadés que des *bêtes destinées à mourir n'ont droit à aucun soin*, est bien souvent remise au lendemain.

« Pour les veaux, l'alimentation ou buvée, qui se compose en grande partie d'œufs battus dans l'eau, reste confiée d'ordinaire au plus jeune garçon boucher. Si le matin, il rencontre des camarades avec lesquels il puisse jouer, les œufs qu'il apporte servent souvent de projectiles, et le repas des pauvres bêtes est de suite terminé. Arrive-t-il, au contraire, à préparer le mélange convenablement, pour faire boire l'animal, il lui plonge avec force le museau dans le seau; si celui-ci refuse, effrayé, où seulement s'il hésite, il reçoit presque aussitôt sur la tête un coup de sabot et le breuvage est jeté sans profit, etc., etc. »

Ces faits sont une nouvelle preuve de l'importance qu'il y a pour une opération sérieuse à pouvoir exercer un contrôle énergique sur tous ces détails.

En créant à la Plata un établissement d'abatage, ce contrôle devient possible et, comme il est une condition de succès, il ne doit pas y avoir d'hésitation sur ce sujet.

Cet établissement devra être placé au centre de régions déjà productrices. On évitera, en prenant ce soin, la plupart des inconvénients que nous avons signalés comme étant inhérents au transport des animaux.

À ce point de vue, il serait surtout utile de l'installer, non pas sur le fleuve même, mais à quelques

lieues dans l'intérieur des nombreux rios ou bras
de fleuve qui sillonnent le pays, et dont plusieurs
sont navigables, au moins à leur embouchure, pour
les navires de la haute mer.

Pour nos esprits, habitués aux fleuves et aux
rivières de notre vieille Europe, il peut paraître singulier de parler d'aller aborder dans de simples
rivières.

Mais, dans le nouveau monde, la nature a créé
de si vastes fleuves, que leurs embouchures sont
des mers, que leurs affluents correspondent à nos
fleuves, que partout là, en un mot, nous trouverons
toutes facilités, dès que nous voudrons les appliquer,
les utiliser.

La position de l'établissement sur le cours d'une
rivière ou d'un fleuve nous donnera des facilités
spéciales d'approvisionnement.

En effet, à l'aide de bateaux plats, remorqués
par un vapeur, il sera possible d'aller au loin dans
l'intérieur, chercher dans les estancias, placées à
proximité des rivières, les animaux à abattre ; de
les amener par ce moyen rapide et peu fatigant,
directement sur l'établissement. Cette facilité a une
autre importance, c'est qu'en étendant le cercle de
l'approvisionnement, elle permettra de lutter contre
l'enchérissement local qui pourrait se produire, si

les achats devaient se limiter à un rayon restreint et forcé.

Il est bien évident qu'il n'y a dans toutes ces appréciations que des données générales, qui se modifieront suivant les circonstances. Elles ont toutefois assez d'importance pour être prévues dès à présent et servir de bases aux déductions qui devront guider vers un choix définitif.

D'autres considérations, d'un ordre moins important, doivent arriver ensuite.

La première est de se placer autant que possible à proximité d'un centre de population. On y trouvera des convenances qui au début surtout seront précieuses.

La seconde sera de veiller à l'obtention aisée de matériaux de construction d'extraction facile, soit terre à briques, soit pierres.

La troisième sera de se tenir à proximité, autant que possible toujours, de forêts pouvant fournir soit du bois de construction, soit du bois de chauffage.

Je sais que dans le bassin de la Plata, et surtout vers la mer, cette condition sera difficile à remplir.

Mais en remontant l'Uruguay, comme nous en avons l'intention, cette difficulté s'amoindrira.

Du reste, je la mentionne ici, moins pour en faire

une nécessité absolue que pour en signaler l'importance, s'il est possible de la mettre à profit.

Cette considération ne doit donc pas être de nature à paralyser les avantages cherchés dans les autres indications.

Quelques chargements de bois de Norvége, du charbon venu d'Europe, ou des huiles lourdes venues d'Amérique, auraient vite, sans écarts trop considérables, résolu la question[1], si elle présente une difficulté sérieuse.

Mais s'il est possible d'avoir à proximité et le combustible et le bois de charpente, il est évident que surtout pour l'avenir (au début il n'y a pas à hésiter, il faudra tout envoyer d'Europe) il y aura une question d'économie, d'autant précieuse qu'elle n'aura coûté qu'un peu de prévoyance.

Ces faits posés, je vais passer à l'étude même de l'établissement d'abatage.

Cet établissement est présenté par les planches II et III.

39. **Division du travail**. — Avant de passer

---

1. Le prix du frêt par voilier d'Europe varie de 25 à 35 francs par navires entiers. Ce prix n'a rien d'exagéré et permet de faire arriver à des conditions abordables les produits nécessaires aussi bien à la création de l'usine qu'à son entretien.

à l'étude des planches annoncées. pénétrons-nous, par une revue succincte. des opérations que nous avons à accomplir.

Nous rangerons ces opérations en deux catégories :

La première aura trait à la production même de la viande;

La deuxième. à l'utilisation des produits accessoires.

La première catégorie comprendra :

1° La réception des animaux et leur classement par date d'arrivage;

2° Leur distribution quotidienne pour les besoins de l'abatage;

3° Leur abatage. qui se décompose en assommement de l'animal. saignement, dépouillement, extraction des viscères et intestins;

4° Le dépeçage des animaux et leur refroidissement;

5° L'expédition des viandes refroidies et leur chargement à bord.

La deuxième catégorie aura trait pour ainsi dire aux déchets. aux produits accessoires.

Cette question. en apparence secondaire. doit cependant nous intéresser.

Il est de principe en industrie de ne rien perdre ; mais lorsqu'il s'agit d'une opération qui se chiffre par un aussi grand nombre de têtes de bétail que celle qui nous occupe, il est évident que ce principe prend encore plus d'opportunité et qu'il importe alors d'utiliser tout ce qui peut être profitable.

En première ligne nous trouvons les peaux, qui jusqu'ici faisaient l'objet principal de l'abatage et maintenant passent au rang des produits accessoires, tout en ne perdant pas cependant de leur valeur ;

2° La graisse qui entoure les viscères ou les bas morceaux, et qu'il est important de recueillir ;

3° Les cornes et les ongles, qui ne demandent, pour ainsi dire, aucune préparation ;

4° Certains viscères et morceaux accessoires, qui n'ont pas assez de valeur pour être transportés à l'état de nature, mais peuvent être utilement employés à la fabrication de conserves alimentaires, aisément expédiables ;

5° Le sang qui, desséché, est un engrais éminemment utile ;

6° L'huile de pied de bœuf, si précieuse pour l'industrie ;

7° La gélatine ;

8° Enfin les intestins.

Dans ces conditions, rien n'aura été perdu de l'animal, et enfin cette terre presque vierge, si belle, si largement féconde, aura vu pour la première fois utilisé tout ce que son sol généreux sait produire et mettre à la disposition de l'homme.

40. Installation générale. — Ces faits établis, nous allons immédiatement passer à l'application que nous allons trouver indiquée sur les planches précitées.

Les planches II et III figurent l'installation sur le sol.

La planche II présente l'ensemble de l'exploitation, mais à une échelle très-réduite.

La planche III présente une vue plus spéciale des ateliers.

Commençons par la planche II, qui figure l'ensemble de l'établissement.

Il est assez difficile de tracer les contours d'une propriété qui n'existe pas encore, mais comme le sol n'a pas là-bas les divisions multiples qui existent chez nous, que les seuls accidents naturels, ou plus souvent encore des lignes idéales, projetées sur certains points de l'horizon, y forment le bornage des propriétés; nous pouvons figurer celle que nous avons à créer comme représentée par un vaste quadrilatère aboutissant, d'un côté à la rive choisie, sur les autres côtés à des points qu'il nous est pour l'instant absolument indifférent de déterminer.

Pour préciser la surface qui nous sera nécessaire, nous nous rappellerons qu'il s'agit d'un abatage journalier d'environ 500 animaux. Admettons qu'il faudra pour quelques-uns un repos de dix jours, nous aurons donc amené ainsi un roulement possible d'environ 5,000 bœufs.

En Europe, un hectare de prairie peut moyennement nourrir 2 bœufs.

En raison du manque complet d'aménagement dans les plaines de la Plata, il ne faut pas compter sur une proportion aussi large.

On compte ordinairement qu'une *suerte d'estancia*, contenant 3,000 hectares, peut nourrir deux mille têtes de bœufs. Toutefois, comme il nous sera possible de mieux aménager les eaux et surtout d'irriguer pendant les chaleurs, que d'ailleurs le stock de 5,000 bœufs ne sera pas permanent, nous admettrons que deux *suertes d'estancia* suffiront aux besoins de 5,000 bœufs ; nous aurons à ajouter à cet ensemble une *suerte d'estancia* dont nous aurons à désigner plus loin l'usage.

Pour l'instant, nous admettrons une surface

d'ensemble 9.000 hectares, soit une propriété ayant 9 kilomètres de large et 10 de profondeur, chiffre qui, en ces pays-là où les estancias ont parfois 6, 8 lieues carrées et plus, n'a rien d'effrayant.

L'aménagement du sol sera aisé.

Des divisions, faites à l'aide de tendeurs, circonscriront 10 parcelles libres indiquées en A, B, C, D, E, F, G, H, I, J. Tout autour sera ménagé un espace qu'indiquent les flèches, lequel permettra l'accès aisé de chacun des parcs spéciaux.

En avant en K, sera le terrain d'arrivée, lequel comprendra le restant de la concession et permettra la réception et le classement facile des animaux.

Chacun des parcs donnera accès à un chemin LL. Ce chemin conduira les animaux au fur et à mesure des besoins de la boucherie dans le parc d'abatage X, situé dans la cour de l'exploitation.

S'il existe sur la propriété des cours d'eau naturels, il en faudra profiter pour alimenter ces différents parcs. On les fera donc serpenter de manière à ce que les animaux puissent aisément s'abreuver. S'il n'y en a pas, il faudra créer deux ruisseaux artificiels, lesquels se voient en *nnn, mmm*.

Ces ruisseaux seront disposés de manière à former dans chaque parc des réserves permanentes. Grâce à cette disposition, si l'alimentation d'eau venait par une circonstance quelconque à manquer, les animaux n'en trouveront pas moins les quantités nécessaires à leurs besoins.

Cette alimentation sera faite par la machine à vapeur, qui, puisant l'eau directement dans le fleuve, l'enverra, par une conduite souterraine, se déverser dans une mare P. laquelle donnera naissance aux deux ruisseaux *n n n*, *m m m*. L'inclinaison naturelle du sol aidera à l'établissement de cette partie de l'appareil.

En somme, il y a fort peu de travaux à faire pour disposer cette partie de l'installation, puisque les chemins n'ont pas à être macadamisés, mais resteront des morceaux de prairies, et que les séparations seront formées par de simples tendeurs, ce qui n'est pas coûteux.

La seule partie, qui peut-être à la longue pourra se détériorer, sera le chemin central **LL**, conduisant au parc d'abatage. Mais la détérioration de ce chemin ne se produira pas immédiatement, il sera d'ailleurs, avec le seul personnel d'exploitation facilement entretenu. Nous n'avons, dès lors, pas à nous en occuper au début de l'installation.

Dans ces conditions, il est facile de voir que les animaux, arrivant dans l'herbage **K**. seront distribués suivant leur rang d'abatage dans les parcs **A**.

B, C, etc. Leur introduction dans ces parcs se fera par la route d'enceinte RRRR; tandis que leur sortie aura lieu à l'aide de portes ménagées dans chaque parc, par la route centrale LL.

Enfin, considérant ce plan général en quelque sorte à vol d'oiseau, nous remarquerons de chaque côté de l'usine deux emplacements cotés sous les lettres VM et N.

Dans le premier VM nous voyons:

1° En qp, l'habitation des employés;

2° En zr, celle des ouvriers.

L'espace réservé autour de ces habitations sera abandonné à la culture de jardins dont la jouissance sera attribuée par partie à chaque habitant de la colonie, pendant tout le temps du concours donné par lui à l'exploitation.

Cet aménagement est utile à prévoir. Il ne faut pas qu'une usine ainsi fondée soit tributaire du plus ou moins bon vouloir des populations du pays.

En admettant la nécessité d'amener tous ouvriers du dehors, en préparant leur aménagement hygiénique et confortable, l'exploitation s'assurera de par elle-même le concours qui lui est nécessaire. Cette situation affermira la prospérité des établissements ainsi créés; elle fera plus : d'endroits aujourd'hui presque déserts elle formera le noyau ou le point d'attache de centres que l'avenir se chargera de développer.

Dans le second emplacement N nous remarquons une série de bâtiments constituant un corps de ferme destiné à cultiver tout l'espace conservé pour ce en N et en V. Nous produirons là aussi bien les céréales nécessaires à l'alimentation de la colonie que les légumes et farineux utiles à l'exploitation.

Cette disposition est, comme on le voit, la conséquence de l'idée ci-dessus émise.

Nous trouverons d'ailleurs à utiliser plus loin la faculté, qui nous sera ainsi réservée, d'employer certains végétaux naturels, entre autres la pomme de terre, qui. en ces climats, rend abondamment et y a été jusqu'à ce jour protégée contre la maladie[1].

1. La pomme de terre est originaire des Cordillères. Celle que produit le littoral est un peu plus aqueuse que celle qui pousse dans la montagne. Sa qualité y est, malgré cela, bonne et sa végétation vigoureuse. Si on ne la cultive pas plus largement, cela tient au délaissement presque complet qui est fait là-bas de la culture, pour ne s'adonner qu'à l'élevage. C'est ainsi qu'on y voit expédier et des céréales, et ce tubercule, et presque toutes les denrées d'alimentation ; mais ceci n'implique pas la pauvreté du sol, qui au contraire rend abondamment, quand on veut le cultiver. Pour ne citer qu'un exemple. prenons le blé dont le rendement est dans les terres moyennes de la Plata de 18 pour 1 ; tandis qu'en France il n'est que de 8 pour 1.

Cette installation générale étant ainsi comprise, nous allons passer à l'étude de la planche III, laquelle figure en plan, sur une échelle plus étendue, tous les détails relatifs à la production de la viande.

41. Abattoirs. — Nous retrouvons dans cette planche les indications fournies par les données précédentes, soit :

Le parc d'abatage ;

Les séries de bâtiments consacrés :

L'une à l'abatage des animaux et à leur dépeçage, c'est celle comprise sous la ligne AA ;

L'autre consacrée à l'utilisation des produits accessoires ; cette dernière est indiquée par la ligne d'axe BB.

Entre ces deux sortes d'ateliers nous voyons la cour, laquelle comprend quelques bâtiments, dont en temps nous indiquerons la destination.

Ces distinctions établies, il va nous être facile d'étudier les opérations diverses composant l'exploitation. Nous suivrons pour cela l'ordre naturel des choses, c'est-à-dire que nous prendrons l'animal vivant dans le parc d'abatage et le suivrons jusqu'à l'utilisation de ses moindres parties. Nous aurons ainsi parcouru les divers services à étudier.

§ 1er.

Exploitation des animaux.

42. Exposé. — Comme nous l'avons vu, le travail général de l'usine se décompose en deux catégories principales :

La production de la viande,

L'utilisation des abats.

Voyons d'abord le premier point.

Production de la viande.

43. Parc d'abatage. — Sous l'action des *péons* chargés du service des animaux, nous admettons leur arrivée au fur et à mesure des besoins dans le parc d'abatage X. Les animaux, là, ne doivent séjourner qu'un temps très-court; il n'est besoin que d'y maintenir de l'eau à leur disposition.

Les péons employés à cette partie du service n'ont qu'une chose à faire : tenir pendant le jour le parc d'abatage approvisionné d'au moins une cinquantaine d'animaux.

44. Tuerie. — Le parc d'abatage n'a d'issues que

sur le côté ab^1, lequel, par les couloirs x, x, x, x, etc., conduit aux tueries. Un service d'ouvriers est à nouveau chargé là, de s'emparer des animaux et de les diriger dans ces couloirs de manière à les faire arriver naturellement aux stalles d'abatage, dont nous allons parler.

Il convient à ce moment, pour nous rendre un compte exact de la distribution du travail, de rappeler les quantités sur lesquelles nous avons à opérer.

Nous avons admis pour base de l'opération l'arrivée à Paris de 100,000 kilogrammes de viande par jour.

En ces contrées, où le chômage du dimanche et de quelques jours fériés est généralement respecté, il nous faut compter sur seulement trois cents jours de travail par an.

C'est donc, au lieu de 100,000 kilogrammes à à abattre par jour, 121,666 kilogrammes, en chiffres ronds 122,000 kilogrammes qu'il faut pouvoir préparer journellement.

La moyenne de la production d'un bœuf en

---

1. A cause de la multiplicité des points à indiquer dans cette description, nous répéterons les minuscules dans chaque catégorie indiquée par une majuscule. Le sens des phrases dira aisément à quel agencement l'indication se rapportera.

viande étant estimée de **200** à **205** kilogrammes, nous aurons ainsi, par jour, environ 600 animaux à préparer.

Si maintenant nous comptons sur dix heures de travail par jour, c'est en résumé soixante animaux à tuer par heure.

Nous admettrons distribuer le travail en trois équipes, ayant par conséquent chacune un animal à prendre et à tuer en trois minutes, ce qui sera facile à réaliser avec les moyens que je vais indiquer.

Chaque équipe se composera :

1° De deux aides devant prendre l'animal et l'amener dans la stalle d'abatage ;

2° D'un boucher chef, devant frapper l'animal et le saigner.

Cette opération se fera dans la tuerie **AA;** planche III; elle demande quelques précautions.

Il importe, en effet, d'y apporter non-seulement les conditions humanitaires que l'homme doit employer avec les animaux, même envers ceux destinés à son alimentation ; mais encore il est de toute urgence de conserver jusqu'au dernier moment l'animal en plénitude de santé.

Il faut ne pas oublier que tout le règne animal est régi par les mêmes lois, c'est-à-dire que tout ce qui peut affecter l'organisme peut exercer sur l'économie des troubles très-réels.

La peur, la terreur semblent surtout agir énergiquement sur les grands herbivores.

Qui ne sait l'affolement que produit chez les chevaux, les bœufs, un moment de panique?

Or, si l'on voit chez l'homme le système nerveux s'affecter si subitement sous certaines impressions, que la folie, la blancheur des cheveux, peuvent résulter d'un instant de vive exaltation, on peut par analogie déduire, et sans porter atteinte à la dignité de l'homme, que les mêmes sensations peuvent être subies en certaines proportions par les animaux. Il importe donc, sous peine de troubles graves, instantanés dans leur organisme, non-seulement de les abattre sûrement du premier coup, mais encore dans des conditions qui ne permettront aucune influence sur les animaux qui attendent leur tour.

Pour cela l'abatage ne sera pas fait en commun dans la tuerie, mais chaque équipe aura une tuerie particulière dans laquelle les bœufs seront frappés séparément.

Je vais immédiatement entrer dans la description d'un de ces abattoirs particuliers ou tueries :

La figure 4 présente l'un de ces abattoirs en

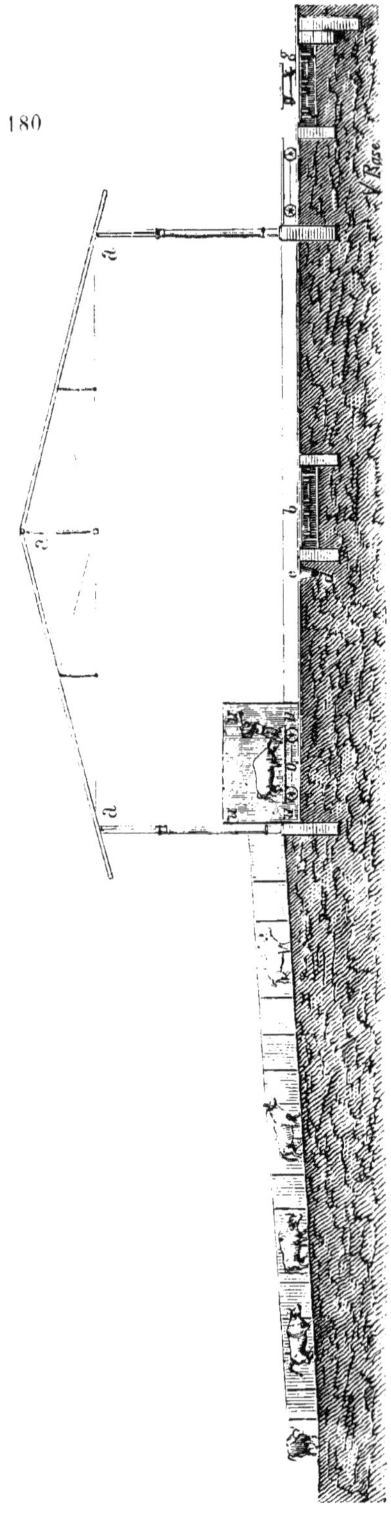

Fig. 4. — Vue d'une stalle d'abatage.

coupe élévatoire.

La figure 5 présente une vue en plan fractionnée de ces mêmes ateliers.

Nous avons réuni sur cette dernière figure une équipe d'abatage, laquelle se compose, nous verrons plus loin pourquoi, de cinq stalles. C'est donc l'une de ces stalles qui est vue en coupe élévatoire dans la figure 4.

Cette coupe présente la section du hangar *a a a a*, lequel est destiné à recevoir toute cette partie du service.

Fig. 5.

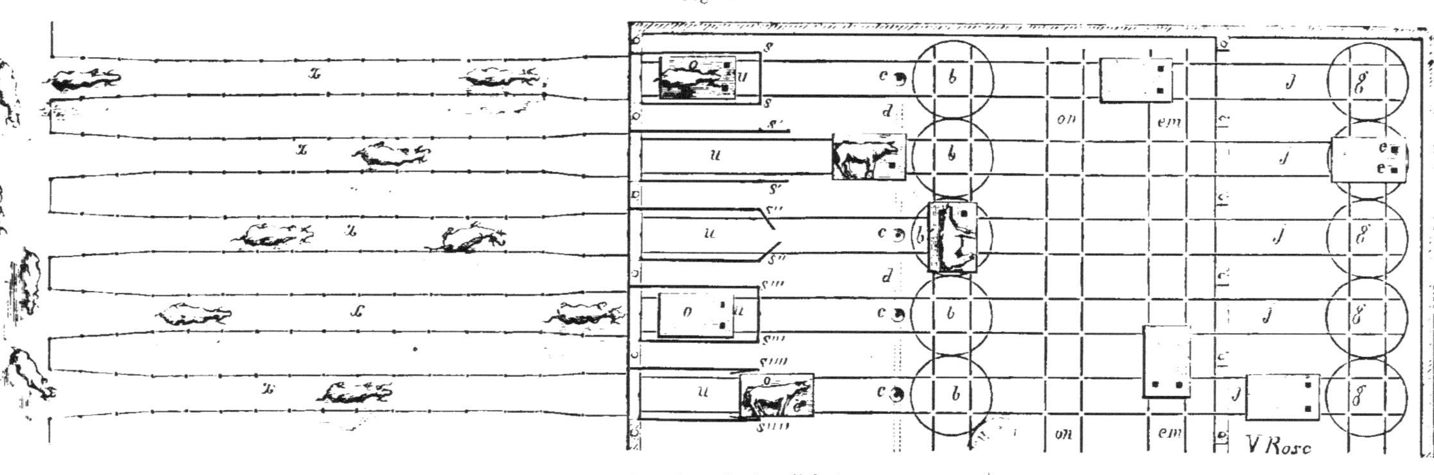

Vue en plan d'une équipe d'abatage.

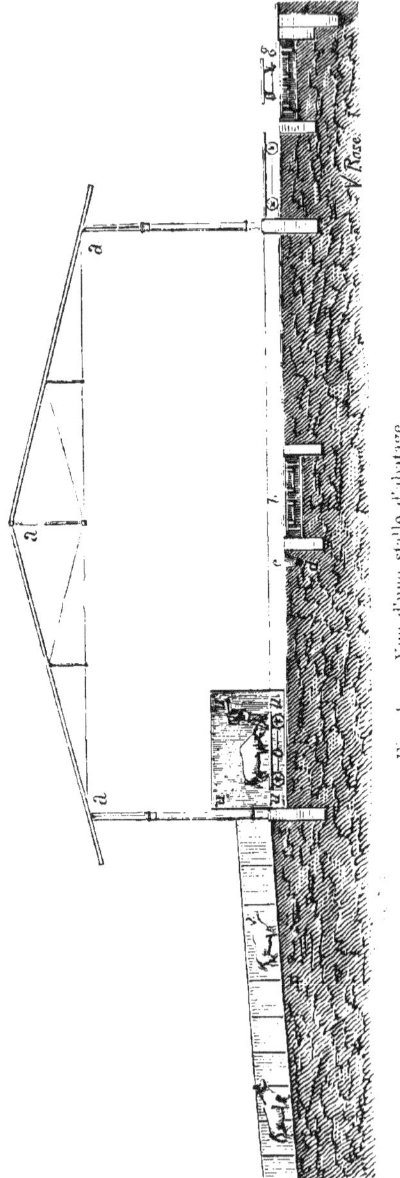

Fig. 4. — Vue d'une stalle d'abatage.

Nous y remarquons :

1° La stalle proprement dite *uuuu*, formée de deux parois parallèles suffisamment solides, en planches, et hautes de deux mètres au-dessus du sol. A chacune de ses extrémités, cette stalle est fermée par une porte à double battant, permettant à volonté l'occlusion de la stalle. Ces portes sont indiquées en ss, $s's'$, $s''s''$, $s^3 s^3$, $s^4 s^4$ (fig. 5).

2° Une ligne ferrée. partant de *uuuu*, passe d'abord sur l'orifice c, lequel n'est qu'un entonnoir donnant entrée à la rigole *d*, ensuite sur la plaque tournante *b*, pour venir aboutir à une autre plaque tournante *g*.

Sur ce système de rail est monté un wagonnet plat *o*. Ce wagonnet, lorsqu'il est placé dans la stalle *uuuu*, en forme le plancher; il est donc forcé de recevoir l'animal qu'on y introduit. Il est assez large pour le porter couché sur le flanc; de plus sa partie antérieure est garnie d'ouvertures découvrables à volonté par de simples tampons. Ces ouvertures peuvent être remplacées par une série de barreaux; il n'y a à consulter, pour le choix à faire entre l'un et l'autre moyen, que la facilité du nettoyage.

A cette même partie antérieure du wagonnet un anneau est fortement fixé; il permet d'attacher l'animal par la tête. dans la condition ordinaire.

Les rails sont disposés de façon à ce que le plancher de la stalle soit de plain-pied avec l'extérieur, ou au moins à une faible hauteur.

Dans ces conditions. voici ce qui se passe :

Un des aides amène dans la stalle *uuuu* un wagon, dont un nombre suffisant est toujours sur les rails de garage *j, j, j, j, j,* etc.

L'autre aide va prendre un des bœufs qui

attendent dans les branchements x, x, x, x, etc., du parc d'abatage. et le fait pénétrer dans la stalle *uuuu* où nous savons qu'a été amené, de niveau avec le sol, le wagonnet-abattoir.

Aussitôt l'animal entré, l'aide l'attache par le museau à l'anneau du wagonnet, et, repoussant la porte d'entrée, le met à la merci du boucher, retournant, lui, chercher et préparer pour l'opération ultérieure un autre bœuf. Le boucher doit, là. frapper l'animal.

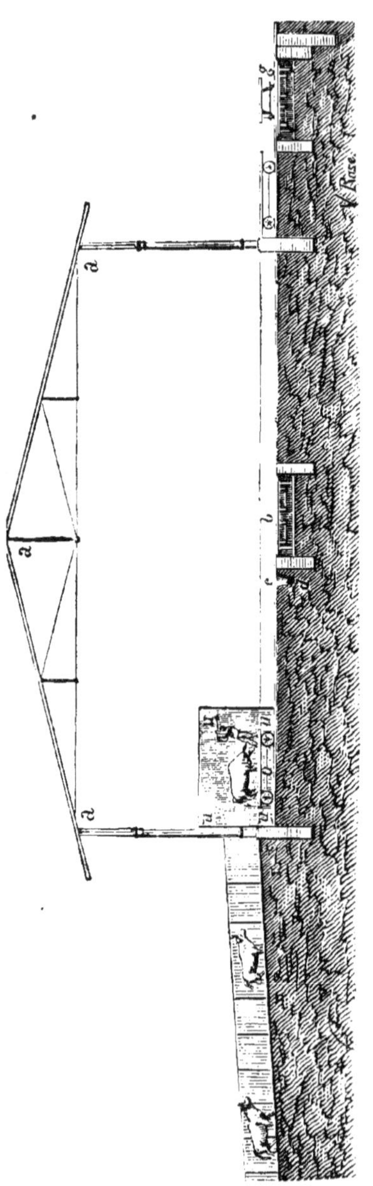

Fig. 4. — Vue d'une stalle d'abatage

Emploiera-t-il pour cela la masse ordinaire? Emploiera-t-il l'électricité? Le couteau de l'exécuteur des saladeros? Je n'ai rien ici à déterminer sur ce sujet, mais à dire ceci : c'est que le moyen le plus prompt, celui qui permettra de stupéfier, pour ainsi dire, l'animal, sera le meilleur.

J'admets donc l'animal frappé et tombé; immédiatement le boucher, aidé d'un de ses aides, ouvre la porte de sortie de la stalle et pousse vers c le wagonnet chargé de l'animal abattu. Un arrêt formé par un simple encliquetage force le wagonnet à s'arrêter au-dessus de l'entonnoir toujours béant c, et de telle façon que les trous ménagés dans son plancher, ou les barreaux les remplaçant, soient justement au-dessus de l'orifice c.

Le cou du bœuf, quelle que soit sa position, variable du reste, s'il le faut, est à proximité d'un de ces orifices. Immédiatement le boucher saigne l'animal, son sang s'écoule dans l'entonnoir, puis, par la rigole d, dont je dirai plus loin quelques mots, est conduit au dehors.

L'équipe, bien entendu, ne reste pas à voir le sang couler.

Son travail est accompli, elle n'a plus là rien à faire.

Naturellement, elle doit immédiatement procéder à une nouvelle opération, et, pour ce faire, elle n'a qu'à reprendre un wagon sur la voie de garage *j, j, j,* etc., correspondant à une stalle vide, l'amener dans cette stalle et répéter la série de manœuvres que nous venons d'énumérer.

Le nombre de stalles et de voies correspondantes est calculé pour laisser à l'animal, dont le sang échappe, dix minutes de séjour sur l'orifice *c*. Ce temps est suffisant pour que cette opération soit complète. Avec ce délai, quatre stalles suffiraient pour une équipe ; nous en disposerons cinq, afin qu'il reste toutes facilités désirables au travail.

Je n'ai pas à appuyer sur les opérations d'abatage, qui suivent celle-ci, puisqu'elles ne sont que la répétition de ce que je viens de décrire. Nous allons donc suivre notre bœuf, le reprenant au moment où il est complétement exsangue, et, par conséquent, encore au-dessus de l'entonnoir *c*.

Deux équipes, composées de chacune deux rouleurs, ont pour mission d'emmener, au fur et à mesure de l'avancement du travail, les wagons chargés des animaux exsangues et de les conduire à l'atelier de dépouillage dont nous parlerons tout à l'heure.

L'inspection des figures 4 et 5 montre que ce

travail est facilité par la disposition même de l'atelier.

En effet, dès que l'animal ne laisse plus couler de sang, les manœuvres relèvent l'encliquetage qui retient le wagon sur l'orifice *c*, le poussent sur une des plaques tournantes *b*, le font virer et n'ont plus dès lors qu'à le faire arriver à l'écorcherie BC (pl. III).

La vue des ateliers réunis que présente cette planche permettra de mieux juger ces détails et d'en comprendre aisément le mécanisme.

La même planche nous laissera voir que la tuerie renferme quinze stalles, ayant chacune leur moyen d'action séparé, mais que, pour faciliter le travail des rouleurs, les plaques tournantes intérieures *b*, *b*, *b*, *b*, etc., au lieu d'être placées sur une seule ligne, sont disposées en trois rangs, correspondant à autant de lignes ferrées.

45. Atelier de soufflage. — Ces lignes pénètrent dans l'atelier de soufflage vu en BC (pl. III), où elles retrouvent le même système de plaques tournantes. Ce système permet de distribuer aisément à chaque étal les animaux, tout en laissant libre la voie centrale *v*, *v*, *v*, etc., qui, elle, a pour but de conduire à l'atelier de dépecage les animaux dépouillés.

Il y a donc dans cet atelier deux modes de traction différents :

L'un d'arrivée, concernant les animaux exsangues, et s'exécutant par les trois voies *av-no-em*;

L'autre de départ *v, v, v*, etc., comprenant les animaux préparés.

Le travail comprend ici quatre opérations :

1° Le soufflage;

2° L'écorchage;

3° L'extraction des viscères;

4° L'abatage des parties secondaires.

Ce service doit être calculé pour que deux hommes puissent en cinq minutes procéder à ces opérations.

Nous avons à traiter par heure soixante animaux; ce sera donc cinq équipes qui nous seront nécessaires.

La figure 6 présente la coupe en élévation d'une installation d'une équipe. Nous allons en étudier les détails; nous nous rendrons ainsi mieux compte du travail qui doit là s'exécuter.

a présente un wagon arrivant de la tuerie;

b montre ce même wagon, arrivé à sa place de travail.

Tout d'abord nous apercevons accroché à une potence, émergeant des colonnes de soutènement.

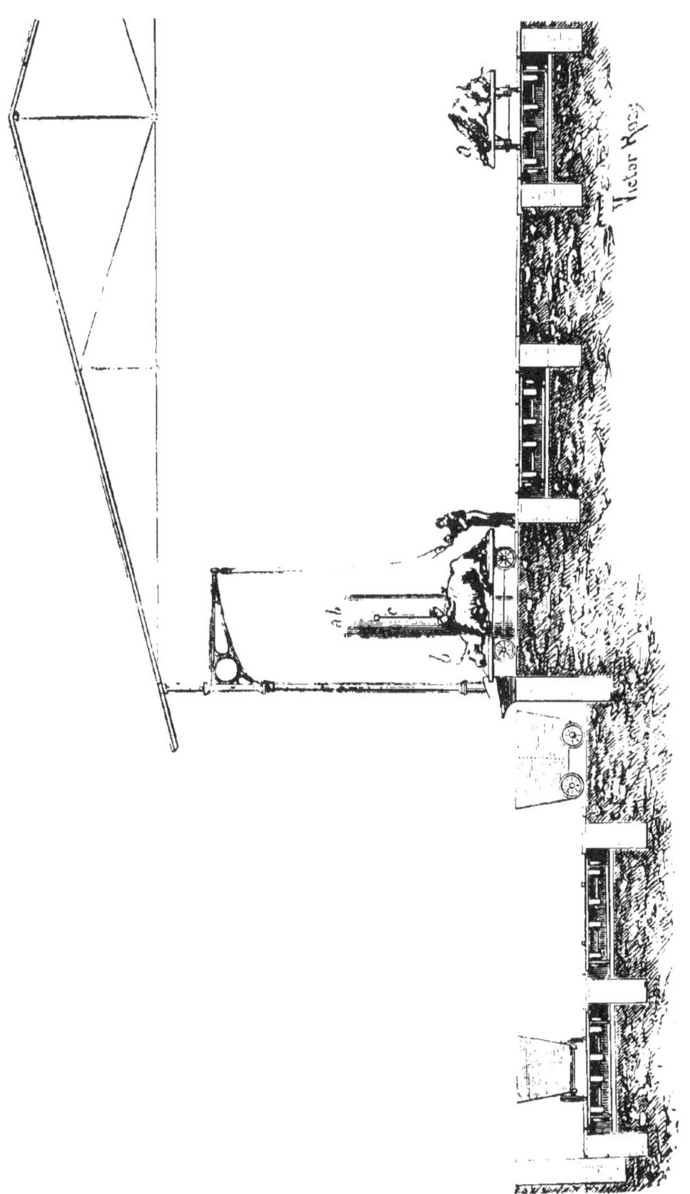

Fig. 6. — Vue de l'écorcherie ; opération du soufflage.

un palan. Ce palan aide à enlever l'animal suivant les besoins du service. La figure 7 le montre ainsi dressé.

Revenons au moment de l'arrivée.

Deux ouvriers, nous le savons, composent l'équipe qui doit servir à cette partie du travail.

L'un coupe les cornes, dépouille les jarrets, abat les pieds, prépare le *tinet* qui, passé dans les tendons des cuisses, va permettre de dresser le bœuf;

L'autre procède au soufflage.

Le soufflage est une opération que tout le monde connaît. Elle consiste à injecter un courant d'air entre la peau et les tissus sous-jacents.

Ce courant d'air, se faisant en quelque sorte intelligent, va, suivant les contours de l'animal, détacher partout la peau de la partie musculaire et graisseuse qui constitue la chair. On obtient par cette opération un boursouflement général de la peau au milieu de laquelle l'animal reste intact.

Il suffit ensuite de fendre cette peau pour que l'écorcheur n'ait plus qu'à faire un travail aisé.

Dans les conditions ordinaires, les bouchers se servent d'un fort soufflet, que met en jeu un aide.

Ce moyen ne peut convenir à une exploitation du genre de celle que nous avons décrite.

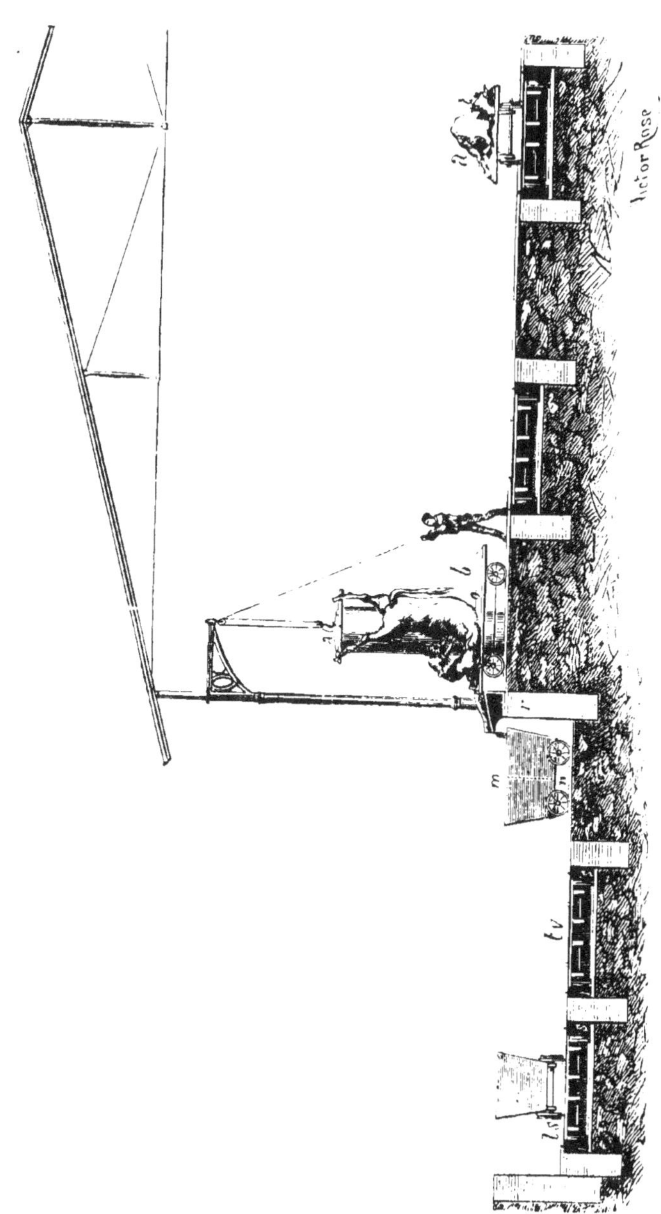

Fig. 7. — Vue de l'écorcherie; dépouillement de l'animal.

Il y a lieu, du reste, d'entrer, sur l'opération en elle-même, dans quelques considérations.

Le soufflage n'est pas à l'abri d'inconvénients. On a reconnu que, si l'hiver il pouvait se pratiquer sans danger, l'été il rendait la viande moins aisée à conserver. Partant de là, un grand nombre de bouchers s'abstiennent, l'été, de souffler les animaux et préfèrent mettre plus de temps à les écorcher ; avoir des viandes moins apparentes, plutôt que de compromettre leur qualité.

En ceci les bouchers ont raison, et nous serions amenés à suivre cet exemple, si la science ne nous avait appris à combattre l'inconvénient indiqué, dans sa source même.

Ce n'est pas, en effet, l'air qui est la cause de l'altération remarquée l'été dans la viande, mais bien, nous l'avons vu dans le chapitre I, les germes, les spores, qui continuellement voltigent dans l'atmosphère et qui, dans le soufflage, sont conduits avec l'air sur les tissus mêmes qu'il faut à tout prix protéger.

La cause du mal étant connue, il devient facile d'y porter remède.

Ce remède, c'est, au lieu d'insuffler l'air tel qu'il est puisé dans l'atmosphère, de le purifier auparavant, soit en lui faisant traverser des tubes incandescents, soit en dégageant dans sa masse des corps antiseptiques, tels que l'acide phénique, par exemple.

Avec le soufflet, il n'est pas facile de mettre à profit ces facilités; mais, je l'ai dit, ce n'est pas de cet instrument que nous nous servirons.

Nous le remplacerons par une machine unique de compression, mue par le moteur à vapeur, qui, comprimant, dans un réservoir convenable ab, de l'air à une pression de simplement un quart d'atmosphère, le tiendra à la disposition des opérateurs. On comprend qu'il est facile, sur le parcours de la pompe de compression au réservoir ab, d'installer soit un serpentin tenu dans un fourneau et parcouru intérieurement par l'air envoyé, soit une série de vases de Wolff, dans lesquels ce même air traversera des liquides antiseptiques et se purifiera complétement. Quel que soit le moyen adopté, l'air arrivera dans ab purifié, et s'y emmagasinera tel. Là il sera repris par une distribution, soit en fer, soit en plomb, qui donnera naissance, à chaque stalle, à un tube flexible terminé par une canule à robinet; il sera donc ainsi à la constante disposition du boucher.

La figure 6 montre complète cette disposition. Nous y voyons le tube flexible c descendre et

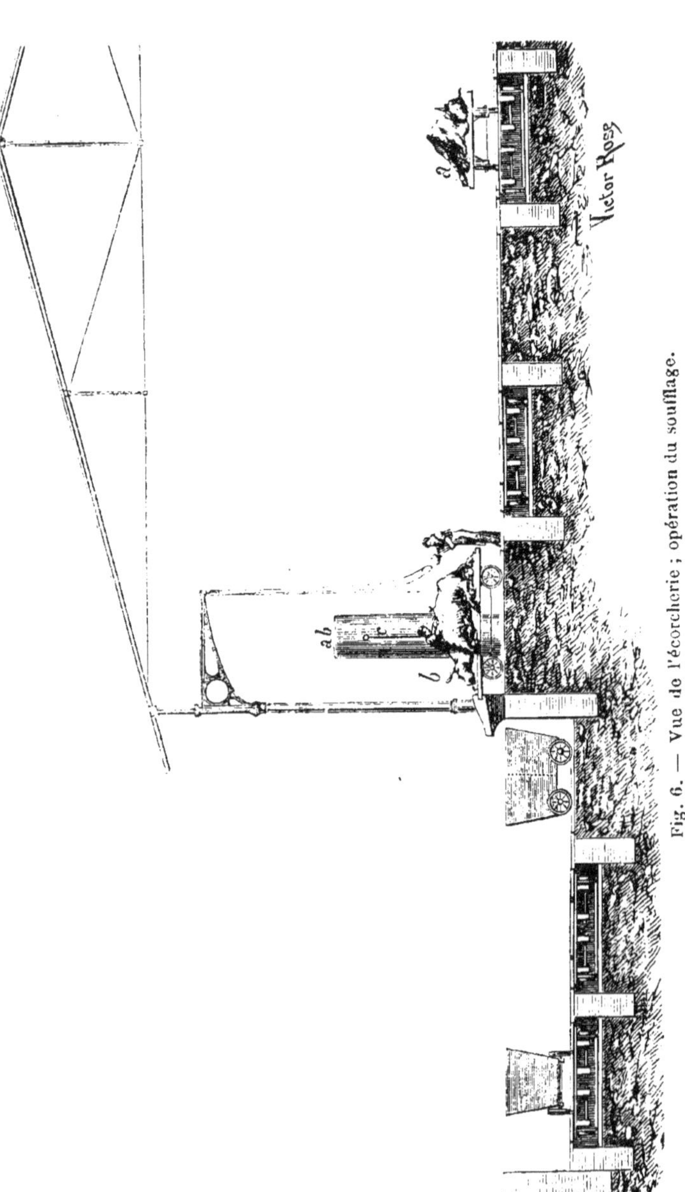

Fig. 6. — Vue de l'écorcherie ; opération du soufflage.

permettre ainsi à volonté la manœuvre de l'agent favorable au dépouillement.

Le gonflement obtenu, il convient de détacher la peau et d'extraire les entrailles. Cette double opération s'exécute fort simplement.

Pour la juger, reportons-nous à la figure 7, qui représente cette série d'opérations.

L'animal a été fendu dans toute sa longueur. A l'aide du tinet qu'un des bouchers a placé dans les tendons de l'arrière-train, on l'a élevé la tête en bas.

L'un des ouvriers procède à l'écorchage, tandis que l'autre s'occupe de l'enlèvement des entrailles.

Cette dernière opération se pratique aisément. L'animal ayant été ouvert, l'ouvrier écarte sa carcasse, mettant ainsi à nu les viscères et intestins.

Les uns et les autres sont par lui aisément détachés et viennent tomber partie sur le wagonnet, partie en dehors.

Or, comme la figure 7 nous le montre aisément, l'installation est préparée de telle façon que le wagonnet vienne aborder le mur r. Celui-ci n'est pas formé par un chaperon horizontal, mais bien par des plaques de fonte scellées dans la maçonnerie et formant un plan incliné qui déverse dans le wagonnet m tous les produits qu'il reçoit.

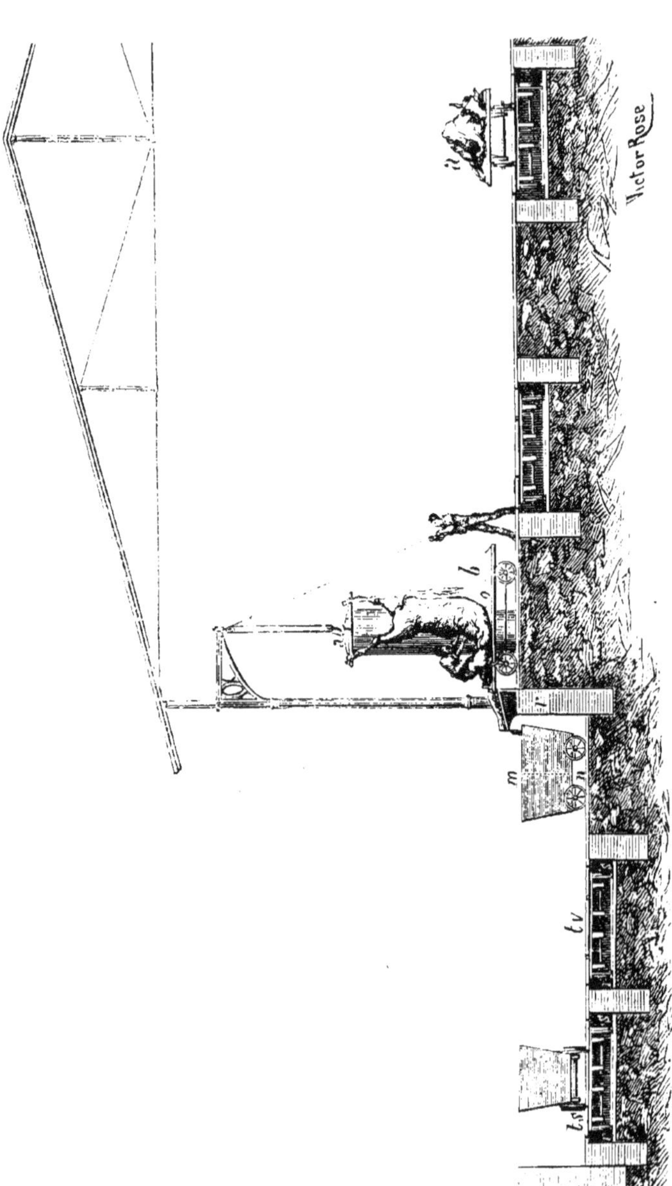

Fig. 7. — Vue de l'écorcherie ; dépouillement de l'animal.

Il résulte de cette disposition que presque directement les entrailles viennent tomber dans le wagonnet *m*, que, pour le peu restant sur la table du wagon *o*, un coup de balai l'a bien vite repoussé.

Les rognons, ayant assez de valeur pour être conservés à l'état de viande fraîche, sont toutefois mis de côté. Dans ce but, l'ouvrier les place dans une case réservée à cet effet sur le wagon *o*.

Tout le reste va dans le wagonnet des issues, y compris les pieds et la tête, que le boucher se met en mesure d'abattre aussitôt le dépouillement achevé. Toutefois, une séparation ménage dans le wagonnet des issues, une place spéciale pour recevoir ces abats et les peaux ; les produits accessoires seront ainsi plus aisément distribués aux ateliers spéciaux qui devront les utiliser ou les préparer.

Ces wagonnets sont assez petits pour être rapidement remplis. Il importe en effet de ne pas laisser trop longtemps exposées à l'air les matières ainsi recueillies ; par leur nature essentiellement putréfiables elles souffriraient d'un contact prolongé.

Pour correspondre à ce résultat, un service de rouleurs est organisé dans la cour.

Il a pour but spécial de retirer les wagons en service au fur et à mesure de leur emplissage et de leur substituer des wagons vides.

A cet effet, deux voies, une d'allée tv, une de retour ts, sont ménagées en avant des rails de charge n (fig. 7). Ces voies garnies de doubles plaques tournantes rs, rs, correspondantes à chaque étal de dépouillement, permettent l'arrivée des wagons vides et le départ des wagons pleins pour les ateliers d'exploitation de produits accessoires.

La planche III présente en vue générale cette partie spéciale du travail, qu'il est facile de comprendre par la disposition même des voies ferrées. Je reviendrai du reste sur ce sujet en analysant rapidement l'ensemble de la planche III. Pour l'instant reprenons l'animal tel qu'il sort de l'écorcherie.

Le wagon qui le porte est ramené en arrière sur l'une des plaques tournantes s,s,s,s,s, planche III. Là il est viré et amené dans un des espaces z,z,z,z, laissé libre sur la voie de départ entre chaque étal.

Cette disposition permet aux ouvriers bouchers de se débarrasser immédiatement de l'animal préparé et de faire arriver, sans plus tarder, un nouveau wagon chargé, lequel attend, sur un autre branchement w,w,w,w,w, qu'on le fasse passer à l'écorcherie. Les wagons os. on, de l'équipe c, pré-

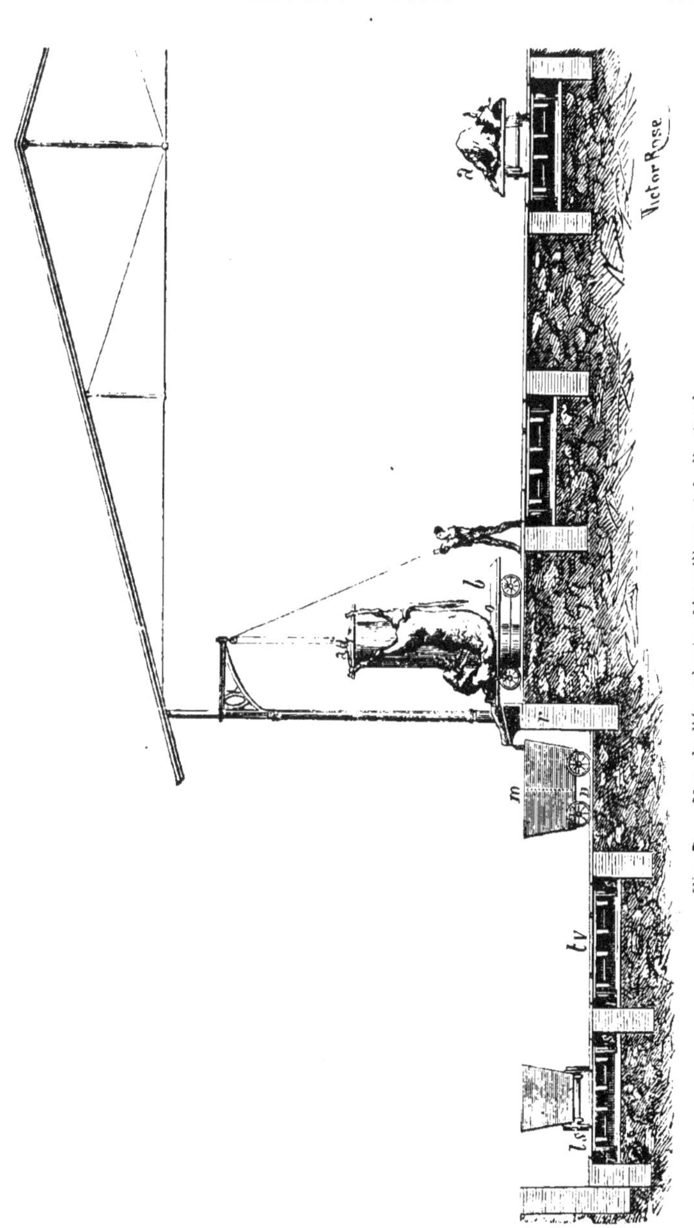

Fig. 7. — Vue de l'écorcherie; dépouillement de l'animal.

sentent ces deux dispositions. Les wagons ro, ol, des équipes a, b, sont au contraire à la station de travail, tandis que le wagon or, de l'équipe e, placé sur la plaque tournante, montre le départ d'un animal achevé.

Ce dernier wagon va donc prendre place sur la voie v,v,v, etc., où, nous le savons, en tous les stationnements z, peuvent être garés d'autres wagons portant un animal ainsi achevé.

Un nouveau service de deux rouleurs est là occupé; il a pour mission de pousser ces wagons chargés d'animaux préparés et de leur faire suivre la ligne d'enlèvement v,v,v,v. etc.

46. **ATELIER DE DÉPEÇAGE.** — Nous voyons la ligne v,v,v, etc., après s'être deux fois infléchie, pénétrer dans l'atelier de dépeçage **D D**, y donner naissance à six plaques tournantes r,r,r,r,r,r, correspondant à autant d'embranchements s,s,s,s,s,s. Chacun de ces embranchements revient en arrière et, traversant chaque plaque tournante r, vient à son tour se souder à la voie de retour mv, mv, mv, qui a pour unique objet de ramener à la tuerie **A A** les wagons vides.

Mais n'anticipons pas et voyons d'abord la question fort importante du dépeçage.

Cette opération est peu compliquée; elle se réduit d'abord à abattre les morceaux de peu de valeur, que chaque boucher jette dans une hotte *h*, placée à côté de lui. Pour que ces morceaux ne séjournent pas longtemps sans emploi, un homme a pour unique mission d'enlever ces abats et de les porter à l'exploitation des produits accessoires où leur utilisation est faite au fur et à mesure de leur arrivée.

L'animal est ensuite fendu en deux, puis chaque moitié est elle-même séparée en deux autres morceaux, parfois trois. suivant qu'il y a convenance.

Cette opération ne demande pas cinq minutes; cinq équipes de deux hommes suffiraient.

Pour ne pas nous tromper, nous en calculerons six, ce qui nous entraînera un personnel de six dépeceurs et de six aides, soit de ce chef douze ouvriers.

Arrivés là, nous nous trouvons devant un ordre de choses nouveau.

Jusqu'ici en effet nous avions opéré à l'air et à la température ordinaire, mais maintenant il nous faut aborder la question de refroidissement.

C'est qu'en effet, aussitôt l'animal dépecé, il faut le soumettre à l'action conservatrice du froid. Tout séjour prolongé hors de cette action ne pourrait qu'altérer sa qualité.

47. Refroidissement de la viande. — La conséquence de l'énoncé qui précède est la nécessité de créer un magasin froid, dans lequel nous puissions amasser la production et la distribuer aux navires en charge.

Ce magasin est figuré en **E E**, planche **III**.

L'établissement de ce magasin doit attirer notre attention.

Il faut que non-seulement il soit assez vaste pour suffire aux besoins de la production, mais encore qu'il soit établi de telle façon que la déperdition du calorique soit aussi peu grande que possible.

Le premier point se résume par une question de chiffres.

Sachant que nous avons chaque jour 122,000 kilog. à emmagasiner, et admettant que nous placions 500 kilog. par mètre cube, ce qui peut être, avec un rangement méthodique des produits, nous arrivons à voir qu'il nous faudra environ 250 mètres cubes pour emmagasiner le travail d'une journée.

Nous admettrons qu'il faudra amasser le produit de deux jours de travail. Ce stock d'approvisionnement suffira, puisqu'il sera toujours facile de faire correspondre l'abatage avec les besoins causés par l'enlèvement des produits.

Cette base admise, reste la seconde question, celle de la conservation du froid. (Dans un chapitre spécial nous traiterons de la *production* du froid.)

Pour obtenir un résultat aussi complet que possible, le moyen le plus sûr et le plus efficace serait d'ensevelir sous le sol les ateliers et magasins destinés à cet usage.

Mais il est toujours difficile de creuser des caves près d'une rivière.

On a là à combattre mille inconvénients : infiltrations, moisissures, jours difficiles, etc., etc. Pour les éviter, je préfère, pour le cas supposé où l'on ne trouverait pas toutes facilités, renverser le problème. Dans ce cas, nous ferons sur le sol même des magasins analogues aux caves, c'est-à-dire ensevelis sous une couche suffisante de terre pour être soustraits aux influences immédiates de la chaleur atmosphérique.

J'ai indiqué dans un autre ouvrage — *du Froid appliqué à la Brasserie* — les conditions de cet état de choses; je n'ai donc pas à revenir ici sur les principes à employer. Je ne veux et ne dois qu'indiquer l'application, ce à quoi je procède immédiatement.

La figure 8 présente la coupe transversale du

magasin frigorifique E E, elle permet de voir les dispositions générales à employer.

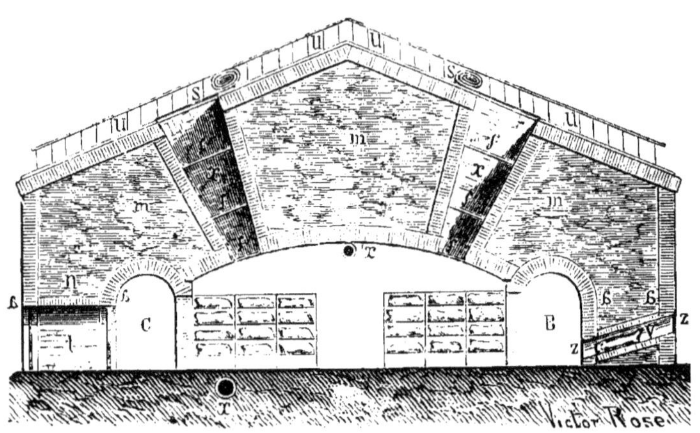

Fig. 8. — Magasin frigorifique.

Le magasin proprement dit occupe la partie centrale de l'édifice. Il est latéralement flanqué de deux corridors B, C, sur l'usage desquels je reviendrai plus tard.

Les parois extérieures sont formées, comme je l'ai expliqué. de doubles murs *a a, a a.*

Les murs intérieurs portent les voûtes et avec elles circonscrivent l'espace laissé au magasin et aux corridors.

La place *n, n* comprise entre ces murs, comme celle *m, m, m,* au-dessous des voûtes, est remplie par une épaisseur de terre d'environ trois mètres. Cette terre peut être plantée de gazon, ou mieux, revêtue d'une couche de béton de quelques centimètres d'épaisseur. Ce revêtement est solide, économique et empêche toutes infiltrations d'eau, ce qui constitue une excellente précaution.

Le béton pourrait lui-même être recouvert par une légère couche de terre sur laquelle serait semé du gazon. Cette dernière précaution aiderait beaucoup à l'isolation du magasin frigorifique.

La même disposition de murs doubles, remplis de terre, étant employée pour les parois latérales, il est facile de voir que, conformément à ce que je disais plus haut, nous avons construit une véritable cave sur rez-de-chaussée.

Cette cave-magasin sera éclairée par des jours suffisamment distribués, soit *r,r*, mais garnis de quatre châssis vitrés *f,f,f*, superposés de manière à éviter le mouvement de l'air et la conductibilité de la chaleur, circonstance essentielle pour empêcher l'introduction du calorique. Pour assurer plus complétement encore cette action, des nattes épaisses, vues en *ss*, seront déroulées sur les vitrages extérieurs, chaque fois que le magasin sera plein et qu'il y aura par conséquent inutilité de l'éclairer.

Une grille *uu, uu* permet de parcourir le dessus du magasin frigorifique à toutes heures du jour ou de la nuit sans qu'il y ait danger pour les ouvriers.

Si le service exigeait des travaux de nuit, ce qui en certaines saisons pourra être, l'éclairage, au lieu d'être extérieur, serait disposé dans les soupiraux xx. La lumière serait envoyée dans le magasin par des réflecteurs convenables de manière à ce que, en aucun cas, la chaleur, notre ennemi permanent, ne puisse pénétrer.

Toujours dans ce même but, une seule entrée sera ménagée dans la cave. Nous la voyons en t. Cette entrée suffira, les ouvriers de l'intérieur trouvant en w, w, w, w (Pl. III) les communs nécessaires à tout endroit habité.

En V nous voyons une des coulées ménagée pour l'introduction de la viande. Chaque coulée est fermée par deux obturateurs, placés à chaque bout ZZ. Ces obturateurs. ouvrant sous la pression de la viande, se refermeront d'eux-mêmes, lorsqu'elle sera passée.

En ces conditions nous aurons formé la réserve dans laquelle le froid devra agir.

Elle se décomposera en deux parties. Pour bien comprendre le but de chacune d'elles, nous retournerons au plan que présente la planche III.

La première partie E E, composée de neuf

magasins *l, l, l,* etc., correspond à chaque équipe de dépeceur.

La seconde, F, doit servir à l'emballage ou à tout autre genre d'expédition qui pourra être adopté.

Dans le cas d'emballage régulier, cette dernière devra être maintenu également à 0 degré. Dans le cas, au contraire, où l'on ne ferait qu'y faire passer rapidement la viande, il n'y aurait lieu que d'y maintenir une température moyenne. Cette moyenne température serait simplement produite par l'aspiration de la chaleur, que rendra permanente le froid régnant dans les magasins *l, l, l, l,* etc., ceux-ci étant constamment refroidis.

Tout ceci posé, revenons un peu en arrière et voyons à utiliser ces diverses dispositions.

Pour cela reprenons l'animal sur les wagons arrivés à l'atelier de dépeçage.

Comme je l'ai expliqué, chaque animal est fendu et coupé en morceaux de grandeur déterminée. Chaque pièce de viande ainsi préparée est introduite à travers l'une des coulées *r, r, r, r, r, r,* dans le corridor B longeant les magasins.

Avant de voir ce qui va être fait de cette viande ainsi introduite, parlons des wagons vides que laisse le dépeçage.

Nous savons que les ouvriers dépeceurs les repoussent sur chacun des embranchements correspondants z, z, z, etc.

Là, une équipe de trois hommes est en permanence.

Elle a pour mission :

1° De les nettoyer;

2° De les ramener au point de départ en h, où ils restent en disponibilité pour le service de la tuerie.

Je viens de parler de nettoyage. J'insiste sur cette opération, qui doit se pratiquer dans la partie lm, lm, de la ligne mv, en sorte que tous les wagons arrivés en hf soient toujours en parfait état de propreté.

D'une part, en effet, il importe de débarrasser les wagons des traces de sang qu'y laisse l'animal tué, lesquelles seraient une cause de répulsion pour l'animal vivant qu'on doit y amener ultérieurement;

De l'autre, il ne faut pas oublier que moins il restera de sang, de matières putréfiables sur l'outillage employé, moins nous aurons attiré d'insectes, de germes; moins, par conséquent, nous aurons à combattre de causes de fermentation.

A cet effet, des conduites d'eau suffisantes sont mises, en lm, à la disposition des ouvriers; rien donc ne peut s'opposer à l'exécution rigoureuse de cette prescription.

Ces considérations ont, en tout temps, un grand intérêt, mais elles en prennent un plus puissant encore dans la situation présente, alors qu'il s'agit de conserver longtemps la viande fraîche; qu'il importe, par conséquent, de réunir toutes les conditions désirables de succès.

Cette dernière manutention achève le travail proprement dit de la boucherie.

Ce travail aura exigé, pour l'abatage et la préparation de 600 bœufs, soixante-trois ouvriers.

Avec les moyens ordinaires cette opération aurait exigé le concours de cent garçons bouchers. Mais c'est encore moins l'économie qu'il faut faire ressortir, quoiqu'elle soit importante puisque là-bas la main-d'œuvre est élevée, que la prestesse avec laquelle l'opération aura été terminée.

En effet, c'est à peine *si vingt-cinq à trente minutes se seront passées entre le moment où l'animal était encore vivant et celui où ses morceaux pénétreront dans le magasin froid,* c'est-à-dire dans un milieu où les germes fermentescibles *ne pourront plus avoir sur lui aucune influence.*

Ce fait a pour la conservation ultérieure de la viande des conséquences considérables.

Et si, à cette occasion, on se rappelle les précautions prises pour tuer l'animal dans un parfait état de quiétude, on voit dans quelles excellentes conditions sera placée une opération ainsi conduite et la sûreté d'action avec laquelle elle pourra produire.

Ce coup d'œil rétrospectif jeté sur l'ensemble des opérations de boucherie, revenons au magasin frigorifique **EE**.

Nous y trouvons, en bas des coulées v, v, v, v, v, v, etc., la viande introduite et qu'il faut emmagasiner.

Cet emmagasinement demande quelque précaution.

Il faut en effet, non-seulement placer la viande dans un magasin froid, mais encore pouvoir la livrer ultérieurement, sans permettre aux quantités qui se refroidissent de souffrir de ce dernier travail.

Pour obtenir ce résultat, nous scinderons l'opération en trois actions spéciales :

L'emmagasinement ;

Le refroidissement ;

L'enlevage.

Par suite aussi, nous admettrons trois magasins :

Un premier en chargement recevant la production du jour ;

Un second plein, parfaitement fermé alors, permettant à l'action refroidissante de s'exercer énergiquement ;

Un troisième en expédition.

Dans ces conditions, on voit de suite que chacune des phases indiquées — emmagasinement, refroidissement, enlevage — se peut faire méthodiquement, sans exercer d'influence l'une sur l'autre.

Il ne serait pas possible de faire servir un magasin unique au travail de chaque jour ; le corridor serait trop encombré par les travailleurs.

Il est préférable d'établir trois séries de magasins, desservies chacune par deux coulées. Cette disposition nous force à établir neuf magasins intérieurs, que nous pouvons voir sur la planche III, en *l, l, l, l*, etc., dans E E.

Ces magasins débouchent sur deux corridors B, C.

Or ces corridors ont chacun un service spécial à remplir. Le corridor B sert à l'arrivée des marchandises, le corridor C à l'enlevage.

En conséquence, toutes les caves en charge ont leur porte ouverte sur B et celle en C fermée ;

Au contraire, toutes celles en expédition ont leur porte ouverte en C et réciproquement fermée en B.

Enfin celles du magasin chargé sont complète-
ment closes.

Grâce à cet ensemble de dispositions, toutes les
manœuvres se peuvent faire sans qu'il y ait communication entre l'atmosphère des diverses séries
organisées. La planche III indique nettement ces
agencements.

Elle permet de voir en pointillé les tubes d'arrivée d'air froid $x.x$ et de reprise $x'.x'$ d'air
échauffé. Elle permet de comprendre que le surveillant est absolument maître de distribuer cet
agent comme il l'entend.

(Les deux tubes sont indiqués sur le même
plan, mais il est bien entendu que celui d'arrivée
d'air froid gît sous le sol, tandis que le tube d'aspiration d'air échauffé est pendu sous la voûte, ce
qu'indique du reste la figure 8 en x, x'.)

La viande, ne devant pas séjourner longuement
dans ces magasins, peut être empilée par lits
croisés. Dans ces conditions l'air passera aisément
entre les interstices par elle laissés. A cet effet, le
sol aura été bitumé en pente, de manière à ce qu'un
soigneux lavage et essuyage permettent à chaque
opération de le laisser parfaitement net.

Cette circonstance est de toute urgence, et pour
la compléter il faudra exiger que les ouvriers se

servent de chaussures spéciales, pour parcourir les magasins, chaussures qui ne devront jamais être souillées par le contact du dehors.

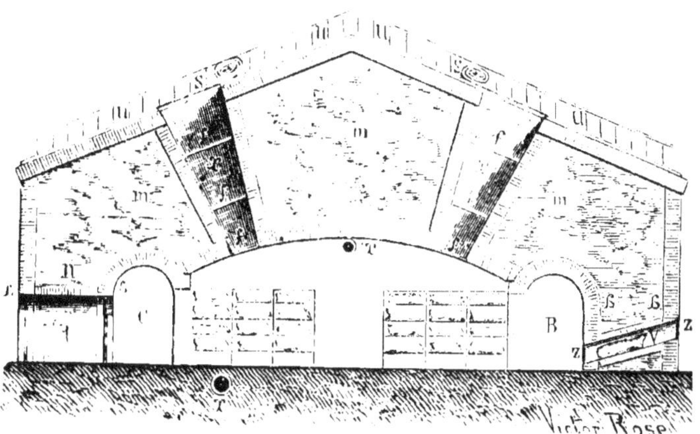

Fig. 8. — Magasin frigorifique.

Deux espèces d'ouvriers séjourneront dans cette partie du service :

Les réceptionnaires et les expéditeurs.

Il faudra trois équipes de chaque sorte, qui se composeront de deux porteurs et d'un aide au chargement comme au déchargement.

Soit dix-huit hommes pour les six équipes.

48. EXPÉDITION DES VIANDES. — Reste maintenant la question d'expédition.

Pour réaliser cette partie de l'opération, deux moyens se présenteront :

Envoyer la viande à l'état nu ;

L'expédier emballée dans des caisses *ad hoc*.

Chaque mode a ses avantages comme ses inconvénients ; il importe donc de les étudier.

Le premier moyen force à établir dans l'intérieur du navire tout un système de tablettes à claire-voie qui empliraient la cale. Mais si l'on veut au retour, ce qui est nécessaire, ramener du charbon, il faut tout démonter, et alors voilà un travail de montage et de démontage qui n'est pas sans inconvénient.

Nous verrons plus loin à en diminuer l'importance.

Constatons cependant dès à présent un avantage en faveur de ce mode, c'est que les ouvriers chargeurs pouvant entrer dans le navire portant directement la viande, les rentrées d'air sont dès lors aussi peu considérables que possible.

On pourrait, au lieu de tablettes mobiles, accrocher la viande, ou la suspendre sur des montants verticaux, ou enfin la déposer dans de véritables hamacs en filet.

L'accrochement de la viande aurait l'inconvénient grave qu'à chaque mouvement du roulis il y aurait choc entre les morceaux ; de là des sortes de tuméfactions qui rendraient la viande peu agréable

à l'œil. Par de très-gros temps même. l'arrache-
ment de plusieurs pièces pourrait se produire.

La suspension sur montants verticaux deman-
derait un temps assez long pour l'arrimage, puis
avec le roulis il y aurait encore fatigue aux points
d'attache.

L'emploi de filets aurait et serait d'un emploi
aisé. Le seul inconvénient de ce mode serait que,
sous la mobilité du filet, le chargement ne serait
peut-être pas très-aisé. Il est incontestable cependant qu'avec son concours, la viande se compor-
terait très-bien en cours de voyage.

Revenons pour l'instant à l'expédition en caisses
qui doit tout d'abord fixer notre attention.

49. EXPÉDITION EN CAISSES. — Les caisses seraient naturellement à claire-voie afin de faciliter
l'action de l'air froid. Elles seraient d'égales dimensions; par suite leur démontage comme leur remontage à l'arrivée n'auraient d'autres inconvénients
que celui de la main-d'œuvre.

Il ne serait pas nécessaire que ce fussent les
mêmes caisses qui fussent immédiatement retour-
nées. Un stock suffisant existerait au contraire de
façon à n'avoir à retarder pour ce travail. ni l'opération de chargement ni celle de réexpédition.

La viande mise en caisses prendrait peu de place, puisque avec de moindres morceaux et au besoin de la viande de mouton, si abondante là-bas et dont nous n'avons encore rien dit, on pourrait remplir les vides laissés par les grosses pièces.

Enfin l'arrimage à bord serait aisé.

Deux inconvénients toutefois subsistent avec ce mode.

Le premier c'est le maniement des caisses et leur introduction dans la cale, opération qui nécessairement, par sa nature, laisserait passer plus aisément l'air chaud qu'avec les autres moyens;

Le deuxième est le poids de la caisse, qui naturellement augmenterait assez notablement le fret.

Ces inconvénients signalés, je vais immédiatement entrer dans la description de ce mode d'emploi, me réservant de revenir plus tard sur le transport en vrac.

Disons pour l'instant que l'emballage est fait F (Pl. III), et voyons comment il s'exécute.

Aussitôt que la viande est amenée dans l'atelier F, elle est mise en caisses. Chaque caisse préparée à l'avance n'a que son couvercle à recevoir. Dès qu'il est fixé, le colis est expédié vers le navire.

Dans ces conditions il est facile de comprendre

que l'emballage se fait simultanément avec l'expédition. Ceci n'a aucun inconvénient, puisqu'ayant constamment des navires en charge nous sommes forcés d'avoir en permanence un personnel suffisant pour l'alimenter.

La sortie des viandes doit être faite le moins possible à découvert :

D'une part, pour protéger autant que possible l'atelier d'emballage F de l'action de la chaleur;

D'une autre, pour obvier à la pluie, à l'action des insectes.

Dans ce double but deux longs corridors couverts *ff*, *ff*, partent de F et vont conduire jusqu'au navire.

Ils sont assez larges pour que deux hommes puissent se croiser avec leur véhicule de charge.

Ils sont placés assez haut pour parer aux différences de niveau que pourrait subir la rivière, et par conséquent permettre l'embarquement des produits en tout temps.

Enfin, ils s'avancent assez au large pour permettre aux vapeurs d'accoster, quels que soient les dénivellements qui puissent se produire dans le régime des eaux.

50. Résumé. — Reprenant toute l'opération,

nous voyons que les animaux sont amenés au fur et à
mesure des besoins dans le parc d'abatage X, qui,
par les couloirs x, x, x, etc., les distribue aux
stalles d'abatage, 1,2,3,4,5, 1',2',3',4',5', etc;
que là le bœuf est assommé. Le wagon qui le
porte est entraîné sur un des entonnoirs c, où l'animal est saigné.

Le sang étant écoulé, le wagon est amené à
l'atelier de dépouillage B C, où on enlève la peau,
les intestins, les parties accessoires.

De là, toujours sur son wagon, l'animal arrive à
l'atelier de dépeçage D D, où, mis en morceaux, il
est introduit dans le magasin frigorifique E E, d'où
il est extrait suivant les besoins du chargement.

Comme on le voit, jusqu'au moment du dépeçage l'animal est toujours porté par le wagon qui
l'a reçu vivant.

Ces wagons, aussitôt le dépeçage terminé, sont
ramenés sur la voie de retour $m\,r$, lavés soigneusement en $l\,m$, enfin conduit sur les plaques tournantes g,g,g,g, etc., qui permettent de les glisser
sur les voies d'attente j,j,j,j, etc., où ils sont maintenus à la disposition des ouvriers bouchers.

Ce résumé termine ce que, nous avions à dire
relativement à la production de la viande.

On pourra être surpris que, dans cette partie de

ce travail, je n'ai signalé que par un mot la viande de mouton également abondante dans ces contrées.

Voici les raisons pour lesquelles je me suis abstenu :

D'une part, la viande de bœuf étant là-bas en très-large abondance, elle me paraît devoir mériter la préférence, surtout au début de l'entreprise;

D'une autre, le mouton, très-abondant en Hongrie, en Russie, y est de meilleure qualité. Il offre donc là, à nos pays, une source d'approvisionnement plus voisine, plus directe et dont conséquemment nous aurons à profiter plus immédiatement.

Enfin, en troisième lieu, si l'exploitation juge à propos d'augmenter son trafic et de joindre au transport du bœuf, celui du mouton, il n'y aura qu'à réunir aux documents qui précèdent, ceux que j'étudierai dans un chapitre ultérieur sur cette sorte de viande. Je me dispense donc d'insister sur ce sujet.

J'aurai encore à parler de la machine à froid. Comme je l'ai dit, cette question a trop d'importance pour être traitée incidemment. Nous l'étudierons lorsque j'aurai indiqué d'une manière générale toutes les conditions de l'opération; elle fera l'objet du chapitre III de cette seconde partie.

Pour l'instant cette étude aurait l'inconvénient.

en raison de son importance. de retarder l'exposé
général de l'opération. ce que je tiens avant tout à
bien faire comprendre.

Tout ceci dit. nous nous trouvons avoir analysé
la section principale de l'établissement producteur de
viande. c'est-à-dire la partie qui concerne ce fait
spécial : préparer la viande. et la tenir prête à
l'embarquement.

Avant d'aborder cette question d'embarquement. il nous faut compléter l'étude de l installation
générale.

Nous avons laissé de nombreux abats dans les
wagonnets s'appuyant à la tuerie. Il faut les
utiliser. Si ces abats ont en eux-mêmes peu de
valeur. la quantité considérable qui en est produite nous force à songer à en tirer parti; c'est là
précisément ce qui fera l'objet de l'étude qui va
suivre.

Utilisation des abats.

51. Généralités. — Si nous nous reportons à
la planche III. nous voyons dans l'axe BB une série
de bâtiments affectés à l'utilisation des abats dont
l'importance est plus considérable qu'à première
impression on pourrait la juger.

On peut cependant, par un calcul simple, se rendre un compte aisé de la masse de produits accessoires laissés par l'abatage des animaux et de l'intérêt que présente cette opération secondaire.

Pour ce faire, rappelons-nous que la viande ne donne au plus que 55 pour 100 du poids de l'animal vivant; les déchets bruts présentent donc, eux, 45 pour 100, soit, sur un poids moyen de 205 kilog. et un abatage de 600 bœufs par jour, 55.350 kilog., ou par année de 300 jours 16.605.000 kilog.

Si nous admettons que la moitié seulement de ces matières pourra être recueillie, c'est encore une quantité de 8.000.000 de kilog., etc. Cet énoncé dit suffisamment l'intérêt qu'il y a à ne pas perdre ces produits, quelque minime valeur qu'on veuille accorder à quelques-uns d'entre eux.

Ceci posé, et il importait de préciser ces chiffres pour montrer que le sujet mérite les quelques instants d'attention que nous allons lui donner, voyons à décrire rapidement la partie de l'exploitation afférente à ce genre de travail, laquelle se trouve groupée sous la ligne BB du plan général, planche III.

52. PRÉPARATION DES PEAUX. — Nous trouverons d'abord l'atelier BD bordant la ligne ferrée venant de l'atelier producteur de viande.

Cet atelier est destiné à la préparation des peaux. Elles sont donc là, aisément déposées au passage des wagonnets chargés des produits accessoires.

Cette branche d'utilisation a une importance considérable.

A elle seule, il ne faut pas l'oublier, elle a constitué pendant longtemps la seule valeur du bétail platéen, et encore maintenant elle en constitue le plus large produit. Elle représente donc un intérêt sérieux, et rien ne doit être négligé pour que le traitement des peaux soit fait dans d'excellentes conditions.

Si donc à ce sujet, comme du reste pour le traitement des autres déchets, je n'entre dans aucun détail, ce n'est pas que je n'attache un grand intérêt à ces questions. Mais le but principal de ce travail étant la viande, je dois me borner à signaler les applications accessoires.

S'il le convient, je reviendrai à la fin de ce travail plus spécialement sur ces différents sujets. Aujourd'hui je vais donc passer rapidement sur eux, me bornant à énumérer simplement les actions principales à produire.

Dans BD se trouve l'atelier de peausserie. Les peaux y seront lavées, les parties charnues y seront abattues, elles y seront ou salées, ou passées soit à l'arséniate de soude, soit à l'acide phénique, comme on l'a proposé diverses fois.

Un séchoir à l'air libre, mais couvert, sera disposé au-dessus de BD. Rien donc ne manquera là pour la préparation de ces importants produits.

Au delà de BD, nous trouvons le passage couvert KT, lequel donne accès à la double voie ferrée que nous connaissons et dont nous allons voir les emplois divers.

53. HUILE DE PIED DE BOEUF ET GÉLATINE. — En EF nous remarquons deux ateliers, destinés :

L'un E, à la fabrication de l'huile de pied de bœuf;

L'autre F, à celle de la gélatine.

Les pieds que contient chaque wagonnet sont en passant retirés et déposés dans E, où immédiatement ils sont traités de façon à extraire l'huile qu'ils contiennent.

Cette huile est un produit excessivement précieux.

Employée avec un avantage marqué pour atténuer les frottements mécaniques, on ne peut lui adresser qu'un reproche, c'est d'être presque toujours falsifiée.

En effet, cette falsification se produit en Europe

sur une très-large échelle, et ce justement parce que le produit y est rare et excellent.

En l'expédiant, sous marques spéciales, et le tenant à la disposition de l'industrie en entrepôt de douane, il y aura un écoulement sûr et à haut prix de ce corps gras, en même temps qu'un service réel rendu à l'industrie, car de tous les lubrifiants il n'en est pas, je le répète, qui vaille celui-là.

La coction des pieds, lorsqu'elle aura fourni l'huile, amène une conséquence, c'est la production d'une notable quantité de gélatine.

Cette quantité sera augmentée de l'adjonction des têtes, des mufles, des abats de peau, voire même de déchets analogues, qui, à bas prix, arriveront de l'intérieur.

La gélatine pourra n'être pas préparée sous la forme de colle forte, mais simplement en gros pains, destinés aux établissements d'Europe, qui lui donneront la forme commerciale.

Quel que soit le mode adopté, l'atelier E, surmonté de séchoirs, s'étendant sur E F, permettra de fabriquer ce produit aussi avantageusement que possible.

La fabrication de la colle forte dans la Plata n'a pas eu jusqu'à présent beaucoup de succès, parce qu'on ne s'est pas assez soustrait aux influences atmosphériques. Avec l'emploi du froid, dont nous pouvons largement disposer, cet inconvénient n'aura plus lieu, et la fabrication de ce produit pourra y être aussi régulière qu'en Europe.

54. Os et résidus de bouillon. — Lorsqu'on a produit le bouillon gélatineux, on n'a pas encore épuisé la matière. Il reste dans la chaudière deux choses :

Des os;

Des matières animales, non dissoutes.

La préparation des os est simple. Il suffit de les sécher en plein air pour pouvoir sans plus de précautions les expédier en Europe.

Les matières animales sont formées de chair, de tendons, de cartilages, etc., etc.

Elles entreront pour une part convenable dans l'alimentation des porcs.

A cet effet elles seront transvasées au dehors dans des bacs en pierre, additionnées de sel et livrées en proportion convenable à la porcherie que nous trouverons plus loin.

Je n'ai pas besoin de dire que les chaudières qui ont servi à la coction de la gélatine et à la production de l'huile seront, comme toutes autres dont nous aurons emploi, chauffées à la vapeur.

Dans une installation comme celle-ci, le combustible doit être consommé dans les foyers qui peuvent le mieux l'utiliser. Or il n'en est pas de meilleurs que ceux de grands générateurs à vapeur, sous lesquels la flamme peut s'étendre, se développer, s'utiliser, en un mot, complétement. La chaleur étant emmagasinée par la vapeur de ces générateurs, rien de plus aisé ensuite que de la distribuer suivant les besoins. De simples serpentins, ou, lorsque cela est nécessaire, des doubles fonds, suffiront à son utilisation.

Mais nous avons encore une importante partie de déchets à considérer.

55. Intestins. — Ces déchets sont les intestins, y compris les abats, les têtes, cous, queues, etc.

Tout ceci forme un ensemble important qu'il ne faut pas perdre.

Pour cela, les wagonnets qui reçoivent les abats sont amenés sous le hangar couvert GH, lequel est toujours desservi par deux voies, une d'aller, une de retour, que nous voyons passer en avant en *gh*, pour aller gagner la rivière et le lavoir couvert Z.

Ce local est destiné au tri et au nettoyage de toutes ces parties.

Les morceaux principaux, tels que poumons,

cœur, foie, rate, langue, seront immédiatement conduits en IJ. Nous les y reprendrons dans un instant.

Les intestins seront conduits au lavoir Z, débarrassés de la graisse qui les entoure, vidés des matières en digestion et remis dans un autre wagonnet.

Une partie doit être réservée pour la boyauderie que nous voyons s'étendre en PQ.

Le reste sera conduit dans l'atelier H. Là ces matières seront, à l'aide d'une machine, grossièrement hachées, cuites dans une chaudière spéciale, puis réunies aux résidus de la fabrication de la gélatine dans les bacs j, i, qui avoisinent la porcherie.

56. Porcherie. — La meilleure utilisation que nous puissions donner à tous les bas déchets résultant de la fabrication est sans contredit l'engraissement des porcs.

La viande de porc est recherchée, elle est sous toutes formes d'un écoulement aisé, elle devait donc mériter notre attention.

Toutefois, il ne faut pas l'oublier, la nourriture animale donnée en trop grande quantité à cette espèce de bétail, communique à sa viande un mauvais goût.

.Mais additionnée de nourriture végétale dans la

proportion de 75 pour 100, elle forme au contraire pour eux une excellente alimentation.

C'est afin de satisfaire à cette nécessité que nous avons voulu réserver dans la ferme un espace nécessaire pour la culture de la pomme de terre, de l'orge et du maïs.

Ces denrées forment effectivement le meilleur adjuvant qu'on puisse donner à la viande pour former la nourriture de ces animaux.

Ceux-ci seront donc, grâce à cette adjonction, la mécanique avec laquelle nous transformerons un produit sans valeur aucune, en une matière commerciale, puisqu'en effet ils nous donneront, eux, deux valeurs certaines et réalisables :

1° Leur viande ;

2° Leur graisse.

La porcherie, destinée à abriter le troupeau de porcs, est vue en Q Z.

Elle longe un des parcs d'attente qui devra être le dernier à utiliser. Presque toujours libre il permettra de laisser vaguer les animaux. Une cour ménagée en avant de la porcherie permettra d'ailleurs en tout temps de leur laisser un peu de liberté.

57. Charcuterie. — L'utilisation de la viande de porc nous conduit à parler du dernier local I J,

où nous avons conduit les abats et issues réservables. Ce local n'est rien autre qu'une vaste charcuterie.

On y produira, sous les formes acceptées par la consommation, jambon, petit salé, lard, etc., tout ce qu'en un mot peut donner la viande de porc.

On y préparera les langues de bœuf, soit salées, soit fumées;

On y fondra le saindoux;

On y fabriquera, avec l'excès de viande de bœuf fourni par les morceaux rognés, du bouillon concentré, qui, je l'ai expliqué dans la première partie, n'est évidemment pas un aliment complet, mais peut correspondre à quelques besoins.

Pour nous cette dernière fabrication sera tout bénéfice, puisqu'elle n'utilisera que des morceaux sans autre application;

Pour le public elle ne sera pas un prétexte à la fraude, puisque ce produit sera vendu sous la seule énonciation qui lui convienne, c'est-à-dire comme un simple succédané de potage.

Enfin à l'aide de cette matière, d'un peu de viande de porc, de machines à hacher, nous ferons préparer, avec les foies, les parties non cartilagineuses des poumons, une sorte de pâté, qui, ayant subi une coction suffisante, mélangé suffisamment du saindoux, sera expédié en barils de **25** kilogr.

sur tous les points du globe et à des prix que n'atteignent pas à beaucoup près la charcuterie ordinaire.

Cette opération sera encore un bienfait pour l'alimentation européenne.

La charcuterie, en effet, tend aussi à augmenter notablement ses prix. Les produits, ainsi préparés, viendront donc aider à enrayer l'augmentation qui s'exagère et, par conséquent, à apporter dans cette spécialité la même modération qu'elle amènera dans la boucherie.

58. SUIFERIE. — Une certaine quantité de suif aura été trouvée dans les abats.

Ce suif, joint aux parties directement extraites des animaux, sera fondu dans le local réservé à la coction des intestins, soit dans l'atelier G. La proximité de cet atelier de ceux placés en H et E permettra de recueillir et d'y reverser toutes les parties graisseuses, que la coction des intestins et celle de la gélatine auront produites.

Le suif devant être expédié à la manière ordinaire, nous n'avons pas ici à nous en occuper autrement.

59. DESSICCATION DU SANG. — Une dernière

utilisation doit attirer notre attention : celle du sang.

Nous avons vu la rigole $d'd$, etc., recueillir le produit du saignement de tous les animaux.

Une pompe g, placée dans la tuerie, force constamment le sang dans une conduite souterraine qui l'amène dans l'atelier H.

Là, il est complétement desséché dans le vide. pour être expédié en Europe comme engrais; ou bien on en extrait préalablement l'albumine, produit manufacturier, dont la valeur est assez considérable pour fournir une large rémunération à sa fabrication.

Cette dernière énonciation complète ce que j'avais à dire de l'utilisation des produits accessoires.

Il est facile de voir qu'en coordonnant cette dernière partie du service, rien ne sera perdu de ce qui peut être utilisé. L'exploitation y trouvera non-seulement le bénéfice produit par des matières qui sans cela seraient restées sans aucune valeur, mais encore la constitution d'un fret de retour. Cette circonstance est très-importante en ce sens qu'elle assurera aux navires frétés par la compagnie, soit pour l'apport du charbon, soit pour tous autres transports, une utilisation complète.

60. Expédition des produits. — Arrivons à l'expédition des produits.

En AC nous trouvons le magasin général d'expédition.

Une double ligne centrale de rails *ab* permet d'y amener toutes les marchandises qui sont destinées à l'embarquement.

Un embarcadère vient, comme dans l'exploitation précédente, aboutir à la rivière en **P.** Les marchandises à transporter étant moins délicates, cet embarcadère pourra être simplement couvert. Arrivé à la rivière, il donnera naissance à deux plates-formes *g, g,* portant chacune une grue *a, a.*

Deux plaques tournantes permettront de plus l'accès commun des deux lignes. Grâce à cette disposition, les matières meubles, comme les cornes, onglons, pourront être directement jetés par les wagonnets dans la cale du navire en chargement, tandis qu'au contraire, les colis lourds seront à l'aide de grues aisément descendus.

Les produits dont nous venons de nous entretenir, étant d'une valeur moindre et d'une conservation beaucoup plus aisée que la viande, leur transport pourra la plupart du temps se faire par voilier. Cette faculté sera d'autant plus aisément rencontrée, qu'à la remonte les vapeurs venant chercher la viande sont presque vides; qu'ils pourront sans fatigue donner la remorque à ceux-ci et leur permettre d'arriver sûrement au lieu d'embarquement.

Il en sera de même à la descente.

L'abord du nouveau port sera donc de cette façon excessivement aisé pour les voiliers, et, en résumé, les marchandises dont nous parlons n'auront ainsi à payer que des frets de retour peu importants. Les navires sont du reste assez abondants dans la rivière de la Plata pour compter pouvoir trouver communément de bonnes conditions.

Par suite de ce mode d'expédition, des irrégularités se produiront nécessairement dans l'enlèvement des marchandises. Le magasin AC doit être suffisamment vaste pour parer à ces irrégularités et par conséquent pouvoir accumuler et conserver les produits, un temps suffisant pour correspondre aux arrivages et réexpéditions de navires.

61. LOCAUX ACCESSOIRES. — Sous ce nom, nous rangerons différentes installations que nous voyons figurées sur la planche III.

C'est d'abord en VR, une menuiserie et une tonnellerie pour les besoins de l'établissement;

En ZD, un atelier de réparation (forge, ajustage, tour);

En M, le local destiné à la machine à vapeur et à l'installation frigorifique, que nous retrouverons dans le chapitre III ;

En N, la loge du concierge, les écuries, remises, etc., etc.;

En T, les bureaux de l'exploitation.

Avant de quitter cette partie de notre étude, quelques mots sur la ferme dont nous avons vu la position dans la planche II.

62. EXPLOITATION AGRICOLE. — L'idée d'établir une ferme à côté d'une opération purement industrielle peut paraître au moins singulière.

Elle ne l'est cependant pas autant qu'on pourrait le supposer.

D'une part, nous avons une population assez considérable à nourrir, puisqu'en ouvriers seulement nous compterons là-bas près de 400 individus, qui, avec femmes et enfants, formeront un centre d'environ 12 à 1,500 âmes.

D'une autre, nous avons à utiliser les déchets d'abats et, pour le faire utilement, il nous faut ajouter à la nourriture des porcs une notable quantité de produits végétaux.

Dans ces conditions, il était naturel de songer à faire produire autour de l'établissement les denrées nécessaires à la consommation locale, et cette pensée était d'autant naturelle que le sol de ces contrées se prête merveilleusement à toutes espèces de culture.

J'ai déjà dit (page 174) que le blé rendait en moyenne 25 pour 1, alors qu'en France il ne produit que 8.

Ne comptant pas sur cette exubérance de production et comparant simplement la production de ces pays à celle de la France, où un hectare de céréales nourrit deux habitants et demi, nous verrons que pour la nourriture de la colonie il nous faudra cultiver 600 hectares.

Ce chiffre est évidemment un très-large maximum, puisque, outre la fertilité naturelle du sol, nous avons la possibilité d'avoir la viande en toutes proportions. Néanmoins nous le maintiendrons, il nous donnera toute sécurité.

Passer de la nourriture des gens à la nourriture des porcs est évidemment une transition un peu brusque.

Mais l'industrie ne connaît pas de sentimentalisme, je suis donc directement mon sujet.

En admettant que les issues sans valeur, défalcation faite naturellement de la peau, du suif, du sang, donnent 15 pour 100 du poids vif de l'animal, et que sur ces **15** pour **100** le tiers ne soit propre qu'à l'engrais. il nous restera environ **10** pour **100** du poids vif à utiliser, soit **40** kilogr. en moyenne par animal.

Nous avons **180,000** animaux à abattre annuellement, c'est donc **7.200.000** kilogr. de matières que nous pouvons donner aux porcs et que sans eux il faudrait perdre.

Or. je l'ai dit. cette nourriture ne peut pas être donnée seule, elle communiquerait à la viande un goût détestable. Il faut donc ne faire entrer ces aliments qu'en certaine proportion, soit **25** pour **100** environ. Dans cette proportion, cette nourriture prend une excellente place dans l'alimentation, et rien ne s'oppose alors à ce que nos **7,200,000** kil. de déchets soient utilisés.

La pomme de terre, l'orge, le maïs appelleront notre attention et, tout en constituant pour le sol d'excellents assolements, nous permettront de diversifier suffisamment l'alimentation, pour qu'elle soit autant profitable que possible.

Si donc nous avons **7,200,000** kilogr. de déchets animaux à employer, ou, en chiffres ronds, **7,000** tonnes, il nous faudra y ajouter :

21,000 tonnes de produits végétaux.

La pomme de terre croissant plus abondamment et étant d'une récolte plus facile que les autres céréales, tout en étant très-recherchée par les porcs, nous admettrons en employer une plus forte proportion, soit :

80 pour 100,

contre :

10 pour 100 d'orge,
10   id.   de maïs.

Ce qui résumera les quantités alimentaires à fournir et à employer comme suit :

Viande . . . .   7,000 tonnes.
Pommes de terre   10,500   —
Orge   5,000   —
Maïs   5,500   —
Ensemble. . . .   28,000 tonnes.

Il importe de considérer que l'orge et le maïs étant à l'état sec, tandis que la pomme de terre renferme une très-grande quantité d'eau, la valeur nutritive de chaque catégorie d'aliments reste sensiblement la même.

Un hectare produisant 20 tonnes de pommes de

terre, il nous faudra de ce chef cultiver 850 hectares, soit . . . .   850 hectares.

Un hectare d'orge produisant
2 tonnes 1/2, nous aurons à cultiver 800 hectares, soit.   800   —

Enfin un hectare de maïs produisant 3 tonnes, nous aurons à
compter pour cette céréale sur
700 hectares, soit.   700   —

En tout. . . . .   2,350 hectares.

Ces 2,350 hectares nous fourniront largement
les quantités voulues pour la nourriture des animaux, puisqu'une partie des pailles d'orge pourra
être introduite dans leur nourriture.

Si à ces 2,350 hectares nous ajoutons les
600 hectares nécessaires pour la nourriture de la
colonie, nous verrons que c'est ensemble 2,950 hectares qu'il nous faudra mettre en culture pour
fournir à tous nos besoins, ce qui comporte la lieue
carrée, que nous avions pour ce réservée.

Nous ferons plus loin ressortir les résultats que
nous pourrons obtenir de ces chiffres; ce qu'il nous
importait pour l'instant. c'était de les déduire et
d'indiquer leur opportunité.

Cette dernière mention termine ce que nous

avions à dire de la série de bâtiments consacrée à la production de la viande; nous allons maintenant aborder la question de son transport en Europe.

§ 3.

Transport maritime de la viande.

63. CLASSIFICATION DES TRANSPORTS. — Dans l'étude dont nous nous occupons, nous avons surtout en vue l'approvisionnement de Paris. Nous avons là, relativement au transport de la viande. deux faits distincts à envisager :

1° Le transport transatlantique du point d'embarquement au point de débarquement, que nous admettons être la Plata et Rouen;

2° Le transport fluvial de Rouen à Paris.

Voyons le premier point.

Transport transatlantique.

64. CONDITIONS A REMPLIR. — Posons d'abord les bases de cette partie de l'opération.

Elle se raisonne par l'embarquement. sur chaque boucherie flottante. de 500.000 kilogr. de viande par voyage.

Nous avons admis qu'un bœuf produirait net 200 à 205 kilogr. de viande, c'est donc 2,500 bœufs dépecés qu'il s'agit à chaque fois d'embarquer.

Rappelons que cette opération doit se faire dans des conditions spéciales qui se résument par ceci :

Conduire le travail de telle façon que la viande reste peu de temps exposée à l'air.

Nous avons là, en effet, toujours nos deux ennemis à combattre :

La chaleur ;

Les spores fermentescibles ou même *insecticides* que charrie l'atmosphère.

Or, nous ne pouvons trop le répéter, il importe de nous soustraire à ces deux causes si puissantes d'altération.

De plus :

Il faut que l'action du froid puisse s'établir rapide et énergique ;

Il faut que la viande ne se tuméfie pas en route par l'action du roulis ou du tangage.

Il faut enfin que le transbordement au port d'arrivée se fasse dans les mêmes conditions, c'est-à-dire que nous évitions encore là, et l'action de la chaleur et celle de l'atmosphère.

C'est à donner satisfaction à ces diverses exigences que nous allons nous attacher, en étudiant l'aménagement des navires-boucherie qui doivent composer la flotte de la compagnie.

65. Navires-Boucherie. — Cette flotte sera composée de paquebots identiques dans leur construction. Nous admettrons, pour fixer les idées, les dimensions suivantes :

Longueur............	60^m »
Largeur............	8 50
Creux............	6 50
Tirant d'eau........	4 »

Dans ces conditions, nous aurons un navire ayant un déplacement égal à 1,100 ou 1,200 tonnes et exigeant une force nominale de 150 à 160 chevaux, soit, en unité de 75 kilogrammètres, d'environ 300 chevaux.

Ces dimensions ne sont pas fixées d'une manière absolue ; elles ne doivent servir ici qu'à asseoir les raisonnements que nous avons à étudier. Quelles que soient les différences que pourront assigner les ingénieurs maritimes auxquels, en temps, il faudra nous adresser, ces différences n'infirmeront pas sensiblement les résultats qui doivent nous occuper, tandis qu'au contraire, toute latitude leur est ainsi laissée pour déterminer le type le plus favorable à la navigation à accomplir.

Ceci établi, voyons l'aménagement propre du navire. La figure 9 nous le présente en coupe longitudinale.

A présente la chambre de la machine contenant les chaudières *a* et la machine à cylindres combinés *e*, *e*, à moyenne et basse pression.

c, *c* sont les soutes à charbon;

B B, les cales ou magasins de viande;

D, le poste d'équipage;

E, le logement des officiers;

F, la cabine du capitaine et la chambre, s'il y a lieu, des passagers;

g, la passerelle, avec roue du gouvernail;

Le pont s'étend en *ff*;

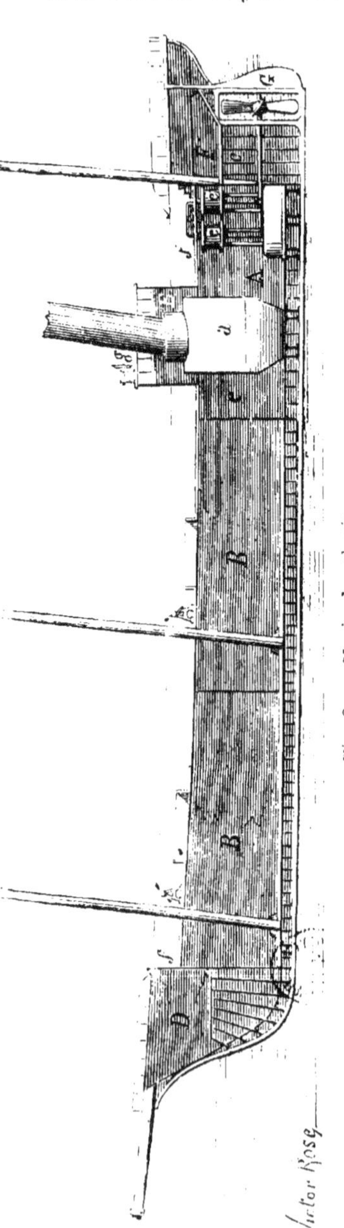

Fig. 9. — Navire-boucherie.

Enfin le gouvernail G est placé en arrière de l'hélice, à la manière ordinaire.

Du navire et de son accastillage, au point de vue maritime, machines, soutes à charbon, mâture, etc., nous n'avons rien à dire. Nous ne devons envisager que les cales B B, qui, ayant justement à renfermer la viande, méritent toute notre attention.

Sur la figure 9. ces cales sont placées l'une à la suite de l'autre.

Cette disposition peut être modifiée en ce sens qu'il est possible de placer la machine au milieu du navire et de disposer les cales de chaque côté, une à l'avant, l'autre à l'arrière.

Toute liberté est encore laissée en ce sens aux constructeurs.

Ce qu'il importe de constater seulement, c'est que l'une comme l'autre disposition se prêtent aux exigences de notre service, et que, par conséquent, le choix ultérieur à déterminer n'a pas, pour l'instant, à nous préoccuper.

Ayant 500,000 kilogr. de viande à porter, nous admettrons que l'aménagement soit disposé de telle façon que 250,000 kilogr. prendront place dans chaque cale.

Cette condition est possible à obtenir, puisque

nous avons la faculté de reculer la cloison séparative de manière à réserver une égale capacité dans les deux magasins.

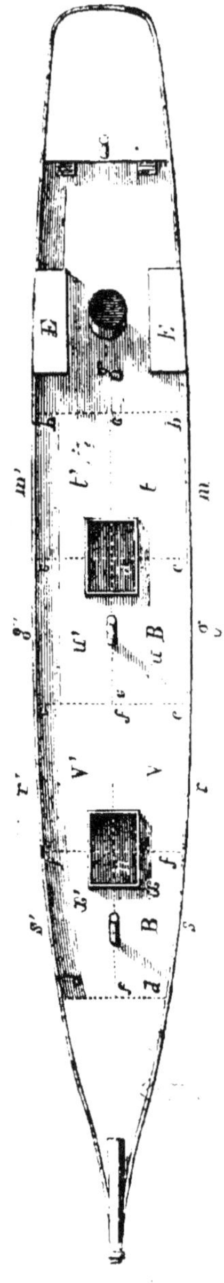

Cette disposition nous permet une facilité précieuse, eu égard à la rapidité à donner au chargement comme au déchargement, c'est de pouvoir agir à la fois sur divers points.

Non-seulement cette facilité est désirable en ce qui concerne la cargaison, mais elle permet soit aux ports d'arrivée, soit aux ports de départ, de multiplier les équipes de manœuvres, tout en donnant à leur travail la permanence désirable.

Cette facilité, nous pourrons encore l'étendre en divisant chaque cale en quatre parties, suivant ce que montre la fig. 10, laquelle présente le pont du navire vu en plan.

Nous y distinguons les écoutilles a, n, qui conduisent à chaque

Fig. 10. — Vue en plan du pont d'un navire-boucherie.

cale **B, B.** Des lignes ponctuées *bb, cc, dd,* limitent la capacité de ces cales.

Mais, de plus, nous remarquons d'un côté :

Les lignes ponctuées *ac, ac, ac, ac,* qui, partant de l'écoutille *a,* divisent en quatre la première cale ;

D'un autre :

Les lignes ponctuées *nf, nf, nf, nf,* qui, partant toujours de l'écoutille *n,* divisent également en quatre la seconde cale.

En réalité, au lieu d'avoir deux magasins, nous en avons huit, qui se réunissent quatre par quatre autour de chaque écoutille *a* ou *n,* ces écoutilles donnant alors accès dans chacun d'eux par une porte ménagée *ad hoc.*

Cette disposition nous permet plusieurs facilités.

La première est de pouvoir, en cours de route, inspecter du milieu des écoutilles, qui forment alors une sorte de péristyle, la manière dont se comportent les viandes de chaque magasin ;

La deuxième est de pouvoir diviser, réduire les capacités à remplir, et, par conséquent, de pouvoir y établir plus immédiatement l'action intense frigorifique, cette action perdant nécessairement de son énergie pendant l'embarquement ;

La troisième est de faciliter le chargement.

En effet, jusqu'ici nous avons admis charger à la fois par les écoutilles a et n.

Mais si nous profitons de la facilité que nous donne la disposition que je viens d'indiquer, nous allons voir que. pour chaque cale, c'est sur deux points différents que nous pourrons maintenant opérer à la fois.

En effet, ce n'est plus par l'écoutille que nous introduisons la viande, mais bien par des sabords, dont la place se trouve indiquée à bâbord en m, g, r, s, comme on opère pour les charbons à bord des grands vapeurs.

C'est donc latéralement, et par ces quatre points, qu'actuellement nous allons pouvoir entrer les caisses à charger; nous pouvons opérer de telle façon qu'en deux jours les magasins t, u, V. x soient emplis.

Ce résultat obtenu. nous ferons virer le navire, qui aura nécessairement donné de la bande; mais, comme nous sommes en rivière. ceci aura peu d'inconvénient. Nous faisons, dis-je, virer le navire, et c'est alors m', g', r', s' qui s'ouvriront pour recevoir le chargement. lequel en deux jours sera ainsi fait. soit quatre jours pour que le navire soit entièrement chargé

On peut, en pratiquant des portes dans les parois ca, ac, fn, nf, opérer sans faire donner de bande au navire. Pour cela, il faudrait d'abord charger les cales t' et u, ainsi que V' et x. Ensuite on chargerait t et V, et, par des alléges, on viendrait embarquer dans t' et x'.

On pourrait encore, à l'aide de radeaux, faire le chargement du navire en opérant également à bâbord et à tribord.

Bref, comme on le voit, tout ceci ne comporte que des questions d'aménagement intérieur, dont il suffit d'indiquer la possibilité sans plus nous y arrêter.

Pendant le chargement, l'action frigorifique se sera toujours produite. Dans la journée la température des cales aura évidemment haussé; mais se fût-elle élevée à 10 degrés, il n'y aurait pas eu inconvénient.

Le chargement du reste ne dure que deux jours pour chaque compartiment; et comme aussitôt terminé on met largement les machines en action, fermant toute communication avec l'extérieur, il n'y a de ce chef aucun inconvénient à redouter.

Pour obtenir ce dernier résultat, il n'y a qu'une action bien simple à établir, et que va nous permettre de comprendre la coupe transversale du bateau que présente la figure 11.

Fig. 11. — Coupe transversale d'un navire-boucherie.

Cette figure est une coupe, par la ligne *ff* de la figure 10; nous y retrouvons :

Les deux magasins V', V, dont l'un est vu rempli, l'autre en chargement;

L'écoutille *a :*

Sous le plancher de *a*, nous voyons un gros tube *r* se bifurquer et aller déboucher en S dans chacun des magasins V, V'.

Ce tube amène l'air froid de la machine.

D'autre part. nous voyons en *e, e* deux tubes aspirateurs qui. reprenant l'air échauffé du magasin. le conduisent se refroidir à la machine à froid.

Il est clair qu'en disposant sur chaque tube une

valve placée pour être aisément manœuvrée, on pourra diriger le courant froid comme on l'entendra et le régulariser à volonté.

Quand donc on chargera, une partie de l'air aspiré sera nécessairement mêlé de l'air extérieur; mais comme la viande sera elle-même déjà à 0 degré, que l'air le plus lourd occupera le fond de l'appareil, il y aura peu à user de l'action frigorifique indiquée.

Mais quand le magasin sera plein et qu'il sera clos, ou quand le soir on aura tout fermé, l'action pourra être alors aussi énergique qu'on le voudra, et pour cela il suffira, je le répète, d'ouvrir les valves correspondantes à chaque réserve.

Je ne dis rien pour l'instant de la méthode de produire le froid, des moyens de le conserver; ceci sera traité amplement dans le chapitre que j'ai indiqué devoir réserver à ce sujet important.

Examinons maintenant la question manutention.

Pour la bien comprendre, nous devrons successivement l'envisager sous deux points de vue différents :

L'expédition en caisse, dont nous nous sommes jusqu'ici seulement préoccupés;

L'expédition en vrague, sur laquelle nous aurons un peu plus loin à nous étendre.

66. Transport de la viande en caisse. — Ce mode se résume, comme manutention, par les considérations suivantes :

Chaque caisse sera établie pour contenir un bœuf, soit moyennement. . . . . 200 kilogr.

Elle pèsera environ . . . . 75 —

Ce sera donc un poids total de. . 275 kilogr. à manier.

Nous avons **2,500** caisses à embarquer en quatre jours : c'est, par jour, **625** caisses, et, par conséquent, puisque nous avons quatre équipes, **158** caisses à charger par équipe.

Il importe que ces manœuvres se fassent rapidement et sans brutaliser la marchandise.

Pour obtenir ce résultat, il faut deux choses :

Diviser convenablement le travail;

Mettre suffisamment de monde pour que les hommes n'emploient pas la force par choc.

Nous obtiendrons ce double résultat en organisant les services de façon à ce que chaque ouvrier n'ait à s'occuper que des mêmes manœuvres.

Nous aurons ainsi :

Quatre équipes de rouleurs;

Quatre équipes de chargeurs;

Quatre équipes d'arrimeurs.

Les premiers auront pour mission de prendre les caisses sortant des mains des emballeurs et de les transporter à bord, deux hommes par équipe suffiront, soit pour quatre équipes..   8 hommes.

Les seconds auront pour mission d'enlever ces caisses à leur arrivée et de les faire passer par le sabord. aidés au besoin par les rouleurs. Deux hommes suffiront encore par équipe, soit pour quatre équipes.   8 —

Les arrimeurs, eux, auront une besogne plus difficile. Certaines caisses seront peu aisées à placer. Nous admettrons là un plus grand personnel, soit cinq hommes par équipe, par conséquent pour les quatre équipes. . . . .   20 —

Si à cela nous ajoutons :

Un surveillant au charriage des caisses du magasin frigorifique au navire;

Un surveillant à l'arrimage, soit :   2 —

Nous obtiendrons un total de   38 hommes nécessités par cette partie du service.

Mais ce n'est pas tout. Nous avons avec ce mode de transport à

Report. . . . 38 hommes.

nous occuper de la fabrication des caisses et de leur remontage si elles sont rapportées démontées.

En admettant le travail aussi bien mené que possible, il faudrait compter pour son exécution sur au moins cinquante hommes, soit. . . . . . 50 —

Ensemble un personnel de. . . 88 ouvriers pour l'expédition au départ des viandes en caisse.

Laissant de côté la valeur des bois, qu'à l'arrivée on pourrait vraisemblablement retrouver ou dont on atténuerait notablement la valeur en rapportant les caisses. nous aurions pour transporter les viandes ainsi aménagées à compter sur les exigences suivantes au départ :

1° Emploi de quatre-vingt-huit hommes ;

2° Transport de 75 kilogr. de poids mort par caisse, soit sur 2.500 caisses 187,500 kilogr.

Ce dernier chiffre mérite attention. Il représente 37 pour 100 de la matière transportable. Cette proportion est évidemment considérable. Il importe donc de la diminuer.

Nous allons voir à obtenir ce résultat en revenant sur le mode de transport en vrague dont nous avons énoncé le principe, nous réservant d'en faire l'objet d'une étude spéciale. C'est cette étude qui va immédiatement nous occuper.

67. TRANSPORT DE LA VIANDE EN VRAGUE. — Ce moyen, nous n'hésitons pas à le dire dès à présent, nous paraît devoir mériter la préférence. Nous déduirons plus loin les motifs qui nous font exprimer cette opinion ; pour l'instant contentons-nous d'expliquer son application.

Il consiste, comme son nom l'indique, à emporter la viande à nu.

A première impression, ce moyen peut paraître offrir des difficultés.

Comme avec les caisses il faut en effet pouvoir éviter la tuméfaction et subir néanmoins les agitations saccadées de la vague ; il faut ménager la place dans les cales, par conséquent obvier à l'encombrement que la forme des animaux tendrait à amener ; il faut enfin assurer le service frigorifique.

Toutes ces raisons rendaient le problème assez ardu à résoudre ; aussi a-t-il mérité de sérieuses réflexions.

La figure 12 va nous permettre de montrer que cette solution peut être obtenue et que les difficultés signalées peuvent être sûrement écartées.

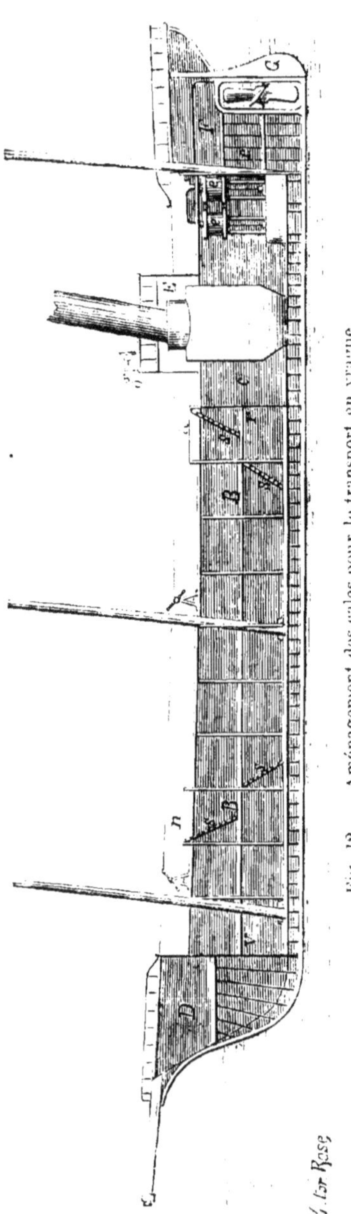

Fig. 12. — Aménagement des cales pour le transport en vrague.

La figure 12 nous fait retrouver, pour la disposition générale du navire, les mêmes dispositions qu'indiquent la figure 10, principalement les cales **B, B**, dont seulement nous avons à nous occuper.

Ainsi que cette figure le montre, ces cales ne sont plus simplement coupées diagonalement en quatre, mais bien divisées en cabines, ayant une largeur proportionnelle aux morceaux à ranger et ouvrant sur un corridor commun, aboutissant à deux écoutilles *a, n*.

La cale ne forme plus un étage unique; un pont intermédiaire *er* permet de la diviser en deux étages et de fractionner ainsi l'emmagasinement des produits.

La vue en plan que présente la figure 13 va nous permettre de mieux comprendre cette disposition.

Nous y trouvons les écoutilles a, n, donnant accès au corridor dont je viens de parler et qui est indiqué par les lignes pointillées g, l.

Les écoutilles doivent être assez larges pour que les escaliers ss, ss puissent être doubles. Ceux-ci sont mobiles de manière à démasquer lors de leur chargement les cabines devant lesquelles ils sont placés. Les mêmes observations s'étendent à l'étage inférieur, lequel présente exactement la même disposition.

Dans ces conditions, on comprend aisément que les chargeurs descendent constamment avec leur fardeau par un des escaliers et remontent par l'autre, sans qu'il puisse y avoir croisement entre eux et par suite embarras de circulation.

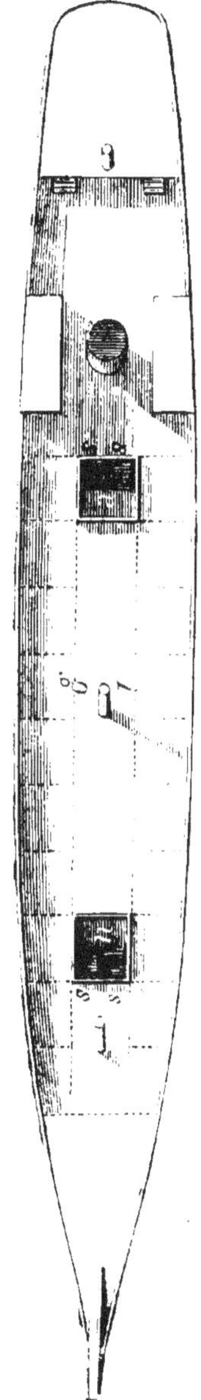

Fig. 13. — Vue en plan du pont du navire aménagé pour le transport en vrague.

Ces faits posés, sur lesquels du reste nous reviendrons, voyons à parler de l'arrimage de la viande.

A l'arrivée, toutes les cabines sont pleines de charbon ou de toute autre marchandise analogue.

Rien ne s'opposait à cette circonstance.

D'une part, elles sont à l'aller complétement vides;

De l'autre, le charbon ne contient aucune substance qui pourrait nuire ultérieurement à la conservation de la viande et à sa qualité. Il n'y a donc qu'à vider les stalles à l'arrivée du navire au port d'embarquement, les bien balayer, enfin les laver de façon à enlever la poussière.

Cette dernière opération ne laissera séjourner dans les cales aucune humidité, les ventilateurs pouvant être mis en route sans qu'il faille envoyer de l'air froid, et cette ventilation pouvant opérer le rapide desséchement des parois.

Une fraction de navire montrant une stalle vide nous est présentée sur une échelle plus grande que les précédentes vues, par la figure 14.

Elle est simplement formée par deux cloisons verticales en bois *r r*, ayant de place en place des montants suffisamment solides pour supporter l'effort que nous allons indiquer.

Ces montants portent eux-mêmes, à des distances égales, des boucles géminées en fer telles que nous voyons en *a a*, *a a*, *a a*, etc.

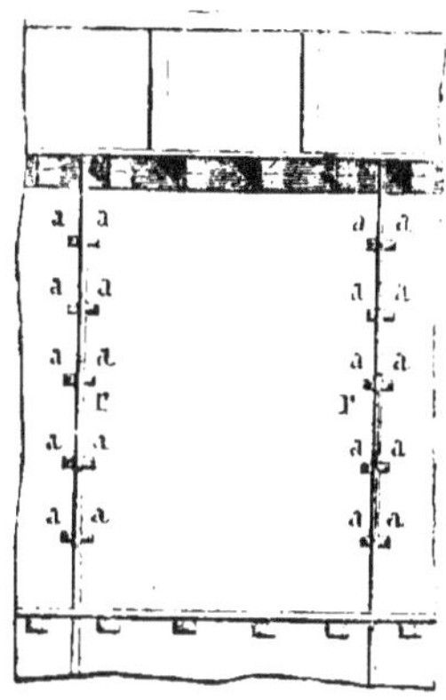

Fig. 14. — Stalle vide.

Une de ces boucles est vue isolément figure 15.

Fig. 15. — Boucles d'accrochage.

Elles servent par doubles paires à recevoir une série d'échelles de fer, que voici figurées.

Fig. 16. — Échelle-rayon.

Comme il faut prévoir les effets de dilatation qui agissent sur la coque, le trou de la boucle n'est

pas rond, mais bien ovalisé dans le sens de la
barre d'accrochage: de plus, celle-ci est percée à
chaque crochet d'une petite ouverture *i*, figure 17,
destinée à la goupiller, si besoin était.

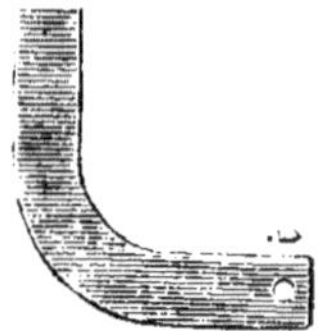

Fig. 17. — Crochet d'échelles-rayons.

La figure 18 représente la stalle garnie d'un
premier rayon d'échelles,

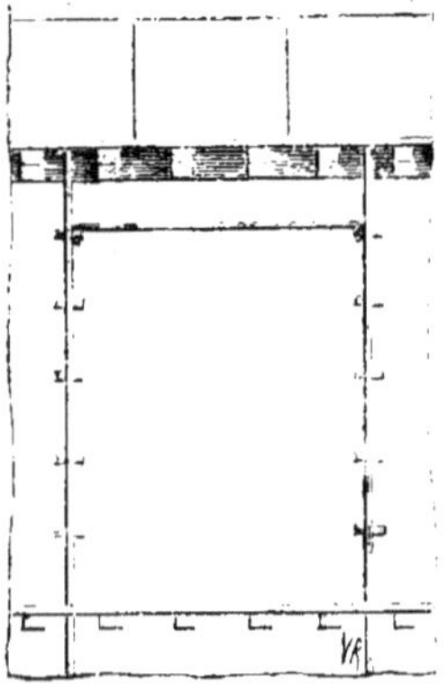

Fig. 18. — Stalle garnie d'une série d'échelles.

lesquelles se trouvent ainsi posées près à près et
forment une sorte de plancher à claire-voie. La
figure 19 nous montre cette disposition.

Si maintenant nous supposons au-dessous de la série ainsi formée chaque double paire de boucles restantes *aa, aa,* garnie d'une de ces échelles, on voit que réellement nous aurons transformé la stalle en une véritable étagère, dont les rayons seront formés par chaque lit d'échelles semblables à celui présenté par la figure 19.

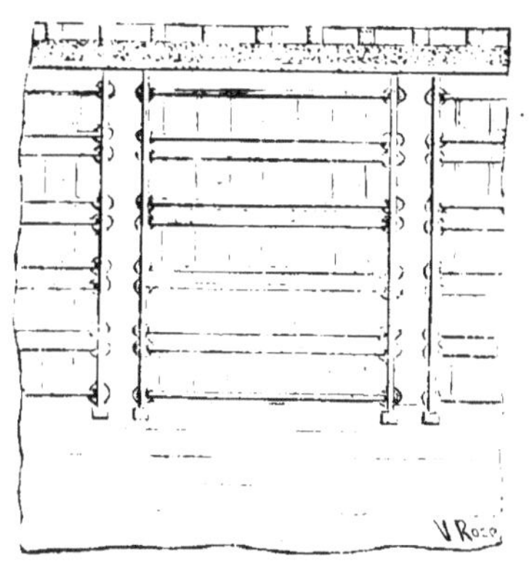

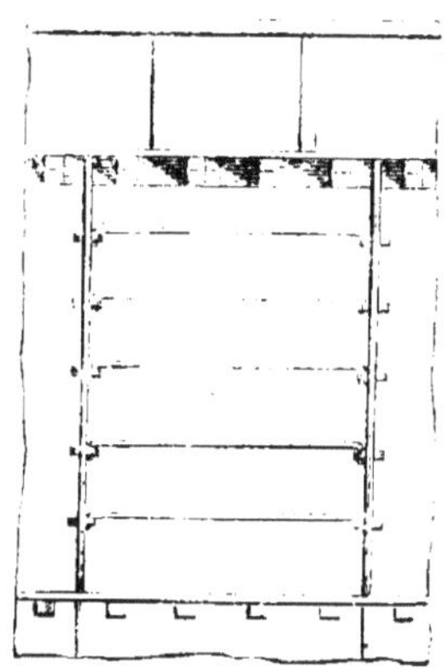

Fig. 19. — Vue en plan d'un rayon d'échelles.　　Fig. 20. — Stalle complète.

La figure 20 nous présente cette disposition complète.

On voit, de plus, que cette installation peut se faire au fur et à mesure du chargement, qu'elle n'exigera ni numérotage ni soins particuliers, l'ovalisation donnée à chaque œillet permettant l'introduction de n'importe quelle échelle.

C'est sur chacun des lits ainsi formés que vient

reposer la viande. Elle est posée sur le côté osseux que présente le morceau, de manière à ce que, même par son poids, les chairs ne puissent fatiguer.

La figure 24 nous montre une stalle en chargement.

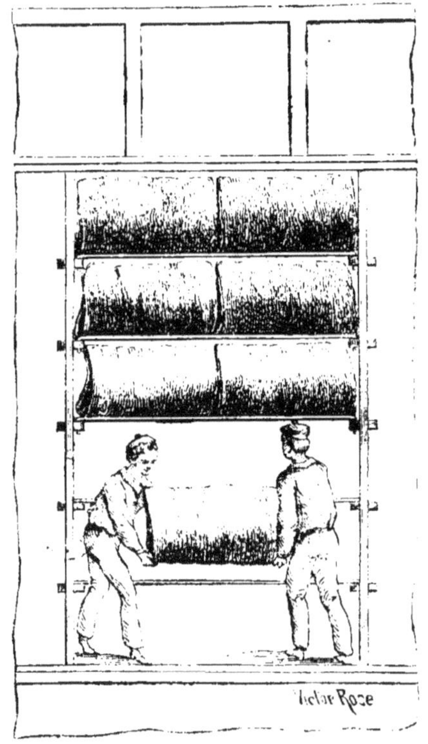

Fig. 24. — Stalle en chargement.

Dans cette figure, la stalle est présentée de face, on voit la viande rangée sur trois rayons; deux chargeurs sont occupés à former un quatrième rang.

Les morceaux, comme on le voit, sont identiques et viennent s'appliquer l'un derrière l'autre. La conformation naturelle des os laisse d'ailleurs assez de place entre chaque pièce pour que l'aération reste complète.

Pour obvier au tassement et aux frottements que pourront déterminer dans la masse le roulis et le tangage, on dispose de place en place et au fur et à mesure que le chargement avance, des petits montants à fourchette, figure 22. qui, s'intercalant

Fig. 22. — Fourchette de soutènement.

d'une échelle à l'autre. permettent la séparation par lots des morceaux.

La figure 23 complète les explications à fournir en montrant, mais alors en coupe transversale, la même stalle en chargement.

Nous y voyons :

Les deux chargeurs que nous avons vus, figure 21, ranger une pièce de viande. la prendre cette fois

de l'épaule d'un homme d'équipe pour la placer à
la suite du rang *a*, qu'ils sont en train de former.

Fig. 23. — Coupe transversale d'une stalle en chargement.

Nous y voyons les échelles prêtes à être posées
pour allonger le rayonnage à mesure que le chargement avance, etc., etc.

Dans ces conditions, il est facile de se rendre
compte que tout le travail peut se faire simultané-

ment. et que l'emplissage d'une stalle peut ne demander qu'au plus deux ou trois heures.

Cette facilité nous fait déjà constater un avantage immense dans ce mode de procéder.

Tandis qu'avec l'emploi des caisses nous étions obligés de mettre deux jours à pouvoir fermer définitivement les cales, ici chaque stalle étant réduite dans ses dimensions, il ne nous faut attendre qu'au plus deux ou trois heures.

Ceci fait, nous appliquons à chacune d'elles la fermeture qui lui est propre.

Cette fermeture se compose tout simplement d'une porte rembourrée qui, s'emboîtant dans les montants ménagés de chaque côté de la stalle, en amène l'occlusion complète.

Pour faciliter la surveillance, ces portes ne sont pas pleines, elles portent de petits vasistas qui permettent en cours de route de vérifier l'intérieur.

Il est inutile d'insister sur ce point pour en faire comprendre la disposition, il reste de plus évident qu'aussitôt la porte placée il sera facile de la recouvrir d'un isolant mobile convenable.

Ce que je veux seulement dire. c'est que, dès que la stalle sera close. il n'y aura qu'à ouvrir les valves c et b pour permettre au courant d'air froid d'agir énergiquement à l'intérieur et d'y produire l'effet désiré.

Ainsi retenons bien ce fait. que nous ne saurions trop constater :

Par la nature même des dispositions employées. c'est seulement pendant deux ou trois heures que les viandes sortant du magasin froid auront pu être exposées à l'air, et encore, déjà froides par elles-mêmes, auront-elles subi cette exposition, sans redouter du contact atmosphérique aucun inconvénient.

Il est inutile d'insister longuement pour faire comprendre que la même opération se répétera dans chaque stalle, et qu'ainsi peu à peu se fera l'emplissage du navire.

Une objection pourrait subsister ;

Cette objection. c'est la perte de place que pourrait causer le corridor central, ceci n'a pas la gravité qu'on pourrait lui attribuer.

D'un côté, ce corridor peut lui-même être empli lorsque le chargement des stalles aura été complété. Il n'y aura pour l'utiliser qu'à employer pour lui-même le mode d'arrimage général. De ce chef donc aucune espèce de perte ne résultera, puisque tous les espaces utiles pourront être ainsi remplis.

D'un autre côté, au lieu de placer le corridor

au milieu, rien n'empêchera de le diviser en deux
et de le reporter sur les flancs du navire.

La perte causée par la forme de la coque pourrait être ainsi utilisée au profit du chargement, la
pièce de viande placée sur l'épaule des porteurs
correspondant à la partie renflée du corridor. Quant
aux magasins, étant placés au centre du navire, ils
seraient ainsi plus réguliers dans leur forme et plus
aisément protégeables contre l'action de l'eau et
celle de la conductibilité calorifique.

Les figures **24** et **25** feront plus aisément comprendre cette donnée.

La figure **24** indique la coupe transversale du

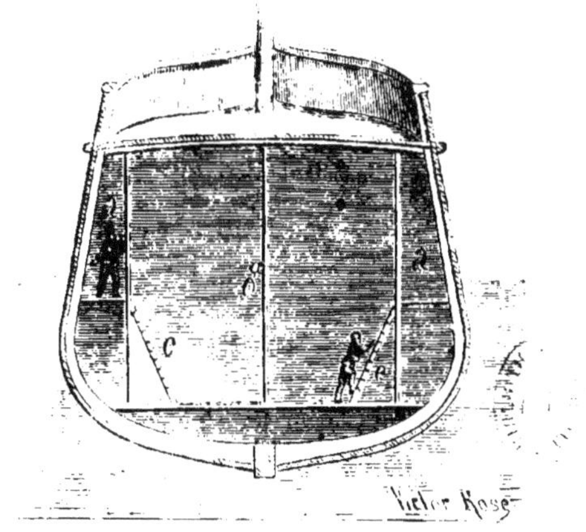

Fig. 24 — Coupe transversale d'un navire-boucherie.

navire et la position de chaque corridor a,a. La
cale reprend sa première profondeur ; une échelle

mobile *e, e* permet d'y descendre; une cloison séparative *g* donne la facilité de ranger la viande en l'y adossant dans les conditions déjà décrites.

La figure **25** montre la place des écoutilles, qui en ces conditions sont au nombre de **quatre,** soit *n, n, n, n.*

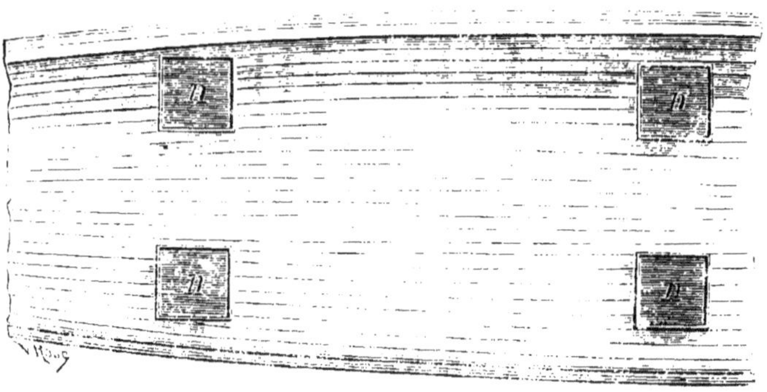

Fig. 25. — Vue en plan du pont.

Je le répète, l'indication que je fais ici de cette dernière disposition n'a qu'un but : montrer **que** l'application à faire n'a rien d'absolu et que, bien comprise, elle peut se prêter même aux exigences de la construction des navires, qu'il faut établir bons, solides, durables, et surtout marcheurs satisfaisants.

Je dis satisfaisants, car il ne faudrait pas croire que, dans une entreprise de ce genre, la vitesse soit une condition *sine qua non* du succès.

Le transport de la viande n'est pas basé sur une question de limitation de durée dans la conservation.

Ce serait asseoir une opération sérieuse sur des données illusoires.

Partant de ce principe, que ce ne sont pas quelques jours de plus ou de moins qui peuvent nous inquiéter, nous résumerons notre pensée par ceci :

Ce qu'il nous faut, ce sont des navires tenant bien la mer, ayant une vitesse suffisante pour donner une traversée moyenne de vingt-quatre à vingt-cinq jours; faire, en un mot, qu'on puisse compter sur des voyages normaux.

C'est donc à ces titres que j'ai employé l'expression de vitesse satisfaisante, et non pour faire de ce mot une application absolue.

Voyons maintenant à compléter ces explications par quelques détails nécessaires.

Une objection que j'ai déjà présentée aura pu se produire dans l'esprit du lecteur, et cette objection est celle-ci :

Comment, se sera-t-on dit, caser dans des stalles régulières des pièces de viande aussi différentes que celles produites par l'abatage d'animaux inévitablement inégaux?

La réponse est facile.

Il faudra simplement tailler les morceaux sur des dimensions uniformes, de façon qu'ayant, par exemple, six sortes de viandes, chaque stalle reçoive la même catégorie.

Il y aura même dans cette disposition des facilités toutes naturelles d'arrimage, puisqu'on pourra distribuer les catégories de morceaux, suivant la position qu'occupera la stalle par rapport au renflement du navire. Il sera donc ainsi possible de profiter des différences qu'amènera nécessairement dans la forme des stalles le profil de la coque. Celles-ci étant à l'avance désignées pour tel ou tel morceau, le chargement se fera aisément.

Par suite chaque porteur, ayant une catégorie déterminée de viande à transporter, ira directement aux stalles que cette catégorie concernera, sans qu'il y ait confusion. Loin donc d'être une difficulté, cette façon d'agir diffusera le service, ce qui en rendra l'accomplissement plus aisé et plus rapide.

La nécessité de produire des morceaux réguliers amènera forcément l'abatage de rognures plus ou moins fortes, suivant que l'animal sera plus ou moins gros.

Mais que nous font ces rognures? Que nous importe qu'elles n'aient aucune forme commerciale?

Est-ce que nous n'avons pas la possibilité de les employer :

Partie dans la confection des produits de la charcuterie ;

Partie dans celle des extraits de bouillon ?

Quels que soient donc les abats que laisseront les morceaux préparés; ajoutés aux cols, aux têtes, à tout ce qui n'est pas propre, en un mot, à être expédié en morceaux réguliers, ils seront utilisés. Les produits ainsi préparés seront d'autant meilleurs, surtout en ce qui concerne la fabrication des extraits, que la culture ménagée dans la ferme annexée nous donnera des légumes dont le suc, introduit et conservé dans l'extrait, fournira un véritable bouillon solide, *ce que ne donnent pas les produits préparés jusqu'ici.*

Le mode de dépeçage que j'indique aura un autre avantage : c'est que les pièces de viande expédiées auront toutes dans leur partie longitudinale une chaîne d'os. Ces morceaux, comme je l'ai fait ressortir, seront ainsi portés sur ces matières osseuses, les chairs par conséquent ne fatigueront pas.

Cette explication nous amène à apprécier un autre fait : c'est que, si nous admettons que ce qui reste d'un bœuf ainsi dépecé peut peser **200** kilog., les six quartiers préparés pèseront chacun de 30 à 40 kilog. Or ce poids constitue une charge très-ordinaire pour les porteurs, et, par suite, aisément manœuvrable.

Cette conséquence est importante pour l'obtention du charriage régulier de la viande et de son facile arrimage.

Ces faits posés, voyons à examiner le personnel qui de ce chef nous sera nécessaire.

Nous admettrons une moyenne à parcourir de 50 mètres par chaque porteur.

Nous reportant aux auteurs connus, nous verrons qu'un homme portant 58 kilos sur l'épaule peut faire 290 à 300 voyages par jour en donnant à chaque voyage une longueur de 36 mètres.

Admettant seulement un poids de 35 kilos, mais une distance un peu plus longue, puisque nous comptons sur un parcours de 50 mètres, nous serons autorisés à compter sur 350 voyages. Pour ne pas charger les chiffres, nous réduirons le travail, au contraire, à seulement 300 voyages.

Ces 300 voyages nous donneront, à 35 kilos en moyenne, 10,500 kilos transportés par un homme.

Or nous avons chaque jour à porter 125,000^k, c'est donc pour cette somme de travail 12 hommes à employer, soit de ce chef. . . . .   12 ouvriers.

Passons maintenant à l'arrimage.

Là quatre équipes suffiront.

Les échelles-rayons étant appor-
tées par les gens de l'équipage, qui
n'auront, relativement au chargement, que cette seule besogne, nous
admettrons seulement deux hommes
par équipe. Ce sera donc, pour quatre
équipes.   8   id.

En tout..   20   ouvriers
pour le chargement.

La surveillance ne doit pas être
oubliée.

Il faut au contraire, surtout
dans les opérations de transbordement, la prodiguer.

Nous admettrons. pour la prati-
quer largement, trois surveillants, ci.   3 surveill^{ts}.

Ce sera donc en tout. . . .   23   hommes
à employer pour le chargement des viandes.

Cette donnée nous permet de revenir un peu en
arrière et de comparer ce mode d'arrimage avec
celui consistant dans l'emploi des caisses.

Avec le chargement en vrague nous ne trouvons l'emploi que de **23** hommes;

Avec le chargement en caisse il en fallait **88**.

Cette différence vaut la peine d'être considérée.

Mais ce n'est pas tout.

En emportant la viande en caisse, nous avions à transporter un poids mort que nous avons admis devoir être de. . . . . 187,500 kilos.

Avec l'expédition en vrague il nous faut simplement :

2,000 échelles à 8 kilos en moyenne. soit. . . 16,000 kil.

Plus pour les cloisons. attaches, etc. . . . . 20,000 kil.

Soit en tout . . 36,000 kil. ci.   **36,000 kilos.**

de poids mort, au lieu de 187,500, ou une économie nette de près de : 150,000 kilos. sur le fret de chaque voyage.

Cette question a un trop haut intérêt pour que nous la négligions.

En résumé, nous voyons que les avantages du chargement en vrague sur celui en caisse se résument par les conditions suivantes :

Soustraction de la viande aux influences atmosphériques, tant par la réduction de temps obtenue sur le transport du magasin froid au navire, que par celui également court employé à l'emplissage ;

Espace perdu aussi peu grand que possible, la viande s'empilant aisément ;

Disposition aisée de la viande sans meurtrissure des chairs, les os se présentant tous aux points de contact ;

Économie considérable dans la main-d'œuvre, puisqu'elle se réduit à **23** hommes au lieu de **88**;

Économie considérable aussi sur le transport du poids mort ;

Économie de la valeur des caisses.

A ceci il faut ajouter que les mêmes facilités se reproduiront au transbordement comme au déchargement, et qu'ainsi, à tous titres, nous nous trouvons amenés à arrêter notre choix sur ce mode d'expédition. Nous le considérerons donc dans tout ce qui va suivre comme étant définitivement adopté.

Avant de quitter ce sujet, il nous reste à préciser le temps que chaque navire aura à séjourner au port d'expédition, question importante, dont nous aurons plus tard à reparler. quand il sera question de l'exploitation.

Dès à présent nous admettrons :

Pour le déchargement du charbon.   5 jours[1];
Pour le nettoyage des cales. . . .   2 id.
Pour le chargement de la viande. .   4 id.
Pour les dimanches. . . . .   2 id.

Ensemble. . . . . .   13 jours.

Si maintenant nous considérons que, pour le déchargement du charbon, nous devons compter en moyenne sur 10 hommes, nous voyons que le personnel, en ce qui concerne le travail du bord, se résumera par 33 ouvriers.

Puisque nous sommes sur ce sujet, récapitulons à combien nous devons évaluer le personnel total employé dans l'établissement de la Plata.

Nous avons admis, dans les opérations d'abatage de viande, utiliser. . . . . .   69 ouvriers.

Nous venons, pour la section de navigation, de compter sur. . . .   33   id.

Ajoutons à cela :

Pour la préparation des abats, soit peaux, suif, gélatine, etc., etc.. approximativement.   80   id.

A reporter. .   182 ouvriers.

1. Les vapeurs apporteront en effet du charbon à l'aller, leur utilisation sera ainsi complète et assurée.

Report. . . . 182 ouvriers.

Pour la surveillance du matériel mécanique :

1 contre-maître,

2 mécaniciens,

1 chaudronnier,

1 menuisier,

4 chauffeurs.

1 forgeron,

2 ajusteurs-mécaniciens,

2 mécaniciens surveillant les appareils à froid.

Ensemble 14 ouvriers, soit. . . .   14   id.

Auxquels il faudra ajouter le personnel de direction, composé comme suit :

1 directeur général,

2 sous-directeurs (un pour chaque section)

2 contre-maîtres de travaux,

1 chef de comptabilité,

A reporter. 6   196 ouvriers.

Report... 6   196 ouvriers.

     1 caissier,

     5 employés de bureau,

     2 garçons de bureau.

Ensemble 14 personnes, soit. . . .   14   id.

    Nous aurons enfin à compter encore avec 10 hommes de peine. soit.   10   id.

    Plus le personnel de la ferme, dont je dirai plus loin quelques mots, lequel pourra se résumer par une moyenne de.   200   id.

        Ensemble. . . .   420 personnes

qui formeront le personnel actif de la colonie qu'il s'agit d'établir.

Nous trouverons plus loin à utiliser ces chiffres.

Navigation maritime.

68. GÉNÉRALITÉS. — Nous avons peu de choses à dire sur ce sujet.

Comme le portent les connaissements, le capitaine après Dieu est maître de son navire, à lui appartient sa direction, les moyens d'action, etc., toutes choses qui relèvent de connaissances spéciales et sortent du cadre que nous nous sommes tracé.

Nous dirons seulement que le navire ainsi chargé viendra en droiture en Europe, ne s'arrêtant qu'au milieu de la traversée à Saint-Vincent, s'il est reconnu avantageux de faire du charbon en route.

En ce cas, un dépôt appartenant à la compagnie sera installé dans ce port ; il sera approvisionné constamment par des affrètements directs de voiliers.

Il y a là une question spéciale qui doit être laissée à l'appréciation de la direction maritime.

Cette circonstance n'aura d'ailleurs aucun inconvénient, les frets pour charbon étant soit à Newcastle, soit à Cardiff, toujours abondants, surtout pour les destinations aussi favorables à la navigation que celles par nous citées.

Dans ces conditions, n'ayant plus à compter avec les escales ordinaires de passagers, nous pourrons nous baser sur des traversées moyennes de vingt-quatre à vingt-cinq jours entre Montevideo et Rouen.

Naturellement, plus nous remonterons dans la Plata, plus ce délai sera allongé. En citant comme base Montevideo, nous avons eu seulement en vue de prendre pour repère un point connu, permettant la comparaison avec ce qui existe[1]. Nous pouvons considérer l'établissement comme étant situé moyennement trois jours de marche plus avant dans les terres; ce sera donc avec une moyenne par voyage de vingt-sept à vingt-huit jours, qu'il nous faudra compter.

69. SURVEILLANCE DE L'ACTION FRIGORIFIQUE. — Un seul point doit nous intéresser dans cette question de navigation : c'est la surveillance de l'état des choses embarquées à bord.

Pour cela, il est un moyen aisé et qui mettra constamment le chef des appareils frigorifiques ou le capitaine à même de surveiller l'opération.

1. Les vapeurs faisant actuellement la route mettent, de Liverpool à Montevideo, les délais suivants :

Liverpool à Madère......	8 jours.	Iles Madères.)
Madère à Ténériffe......	2 »	(» Canaries.)
Ténériffe à Saint-Vincent.. .	4 »	(» Cap-Vert.)
Saint-Vincent à Fernambouc.	7 »	
Fernambouc à Bahia.....	1 »	
Bahia à Rio-Janeiro.....	3 »	
Rio-Janeiro à Montevideo.. .	4 »	

En tout. . . 29 jours.

Dans ce nombre de jours est compris le temps nécessaire aux 6 escales.

Ce moyen, ce sera l'emploi de thermomètres électriques, placés dans chaque stalle et aboutissant à la cabine du chef refroidisseur.

Ces thermomètres indiqueront les moindres variations; de plus, par l'adjonction d'un timbre sonnant à — 1 et à + 3, écart que nous pouvons parcourir sans inconvénient, ils éveilleront l'attention de divers côtés, si un point quelconque du chargement venait à péricliter.

Nous reviendrons du reste sur ce sujet, lorsque nous traiterons *du froid*.

Arrivons au déchargement et, pour cela, supposons le navire ayant effectué la traversée, arrivant à quai à Rouen, et prêt par conséquent à opérer le transbordement de son chargement, à bord des embarcations qui doivent le conduire à Paris.

Transport fluvial de Rouen à Paris.

70. GÉNÉRALITÉS. — J'ai indiqué Rouen comme port d'arrivée, il pourrait sembler que le Havre, étant situé directement à l'embouchure de la Seine, devrait donner plus d'avantage. Le contraire existe, je vais en quelques mots l'expliquer.

Afin de pouvoir apprécier sainement la question, considérons successivement chacun de ces ports comme étant le point d'arrivée.

Voyons d'abord le Havre.

Son accès n'est pas toujours possible, même pour les vapeurs. Voici donc un premier inconvénient. L'embouchure de la Seine au contraire, tout en ayant ses dangers, peut être en tous temps abordée, alors surtout qu'il ne s'agit pas de gagner des ports du littoral immédiat, où la question de marée augmente les difficultés, mais bien de conserver le lit du fleuve pour s'avancer vers l'intérieur.

Je vais plus loin. J'admets le navire entré au Havre et à quai ; nous trouvons là, outre les nécessités de marée, de passage d'avant-port au bassin, etc., etc., un port encombré, présentant au déchargement des difficultés que nous allons examiner en étudiant l'acheminement de nos cargaisons sur Paris.

Deux moyens se présentent pour cet acheminement :

Le chemin de fer.

Le transport par eau.

Avec le chemin de fer, il nous faudra au Havre parfois opérer le déchargement en deuxième ou troisième rang.

Or pour une marchandise aussi délicate que la

viande, il y a là une cause d'inconvénients bien facile à apprécier.

Ce n'est pas tout, il faut conduire cette viande en charrette à la gare; subir toutes les exigences d'un service de ligne ferrée. qui n'est pas propre à la chose elle-même, c'est-à-dire dans lequel la compagnie ne peut ni commander. ni diriger. ni prendre, en un mot, telles mesures que la sécurité de la marchandise commanderait.

Enfin, à l'arrivée à Paris. il faut retrouver les mêmes difficultés, c'est-à-dire décharger les wagons au milieu d'un encombrement de gare, conduire en voiture les viandes au magasin d'arrivée, etc., etc., d'où multiples maniements du produit, s'exerçant dans des conditions de milieu et de précipitation qui ne peuvent être que dommageables.

Bref. si l'on ajoute à cela les exigences de la douane. qui forcent à ne travailler que pendant certaines heures de jour, c'est-à-dire l'été. au moment où la chaleur est la plus intense; que de plus. pendant les transports en charrette ou en chemin de fer, la viande subit inutilement les influences atmosphériques; on verra aisément que. si nous voulions réunir les conditions les plus défavorables à l'entreprise projetée. nous ne pourrions mieux choisir.

Reste maintenant le transport par eau.

Évidemment nous pouvons, dans les bassins, faire arriver des alléges de transbordement. Mais au départ nous rencontrons les mêmes inconvénients que ceux signalés à l'arrivée : heures de marée, éclusage, enfin gros temps, qui, pendant quelquefois huit jours, ferment pour ce genre de navigation la sortie du port.

Cette considération est d'autant plus sérieuse, que ce ne sont pas des chalands à grand tirant d'eau qu'il nous faut employer comme alléges, mais, au contraire, des bateaux aussi plats que possible, basés sur le minimum prévu de navigation en rivière. Or de semblables embarcations ne pourraient avec sécurité s'engager régulièrement dans la baie, que forme l'embouchure du fleuve.

Si, au contraire, nous entrons directement en Seine, nous évitons toutes ces péripéties et nous allons directement, avec les navires de haute mer, là où il n'y a plus à rencontrer aucun des inconvénients signalés.

Nous trouvons dès l'abord un premier avantage : c'est qu'au lieu d'avoir un mouvement d'entrées et de sorties égal à 746 traversées de la baie de Seine, ce qu'exigerait le service au Havre (146 entrées et sorties pour les navires, 600 d^{to} pour les alléges), nous n'en avons plus que 146.

Et encore ces 146 passages ne sont plus effectués par des embarcations légères, mais par des navires de mer dont la solidité est à toute épreuve.

Certes la navigation de la basse Seine a bien ses inconvénients. Mais ces inconvénients perdent beaucoup de leur importance pour les bateaux à vapeur et surtout pour ceux à hélice, qui peuvent plus aisément se mouvoir dans les chéneaux laissés par les fluctuations du lit de la rivière.

Un autre avantage mérite notre attention.

Le port de Rouen est plus grand que ne le comporte son mouvement maritime; nous ne serons donc plus là exposés, comme au Havre, à être placés en deuxième ou troisième rang. Il sera possible même d'obtenir de l'administration une place fixe à quai, permettant en même temps sur l'autre bord du navire l'accostage des bateaux de remonte.

Une seule circonstance est défavorable, ce sont les hautes eaux qui chaque année se présentent pendant quelques jours.

Ceci est un inconvénient avec lequel il faut compter.

S'il est possible en effet de se baser pour le tirage des bateaux sur les minimum observés, il n'est pas possible de lutter contre les hautes eaux qui atteignent quelquefois jusqu'au cintre des arches.

Pendant ce temps, qu'on peut estimer à dix jours en moyenne par an, la navigation de la haute Seine deviendrait impossible.

Mais justement à Rouen, nous trouvons les facilités utiles pour obvier à cette impossibilité.

Il est facile en effet de choisir la place de stationnement des paquebots à proximité de la gare de marchandises de la ligne de l'Ouest.

Y organisant des trains spéciaux les jours de hautes eaux, on pourrait entretenir le service.

Il est évident que, ces jours-là, la dépense sera un peu plus forte. Mais, comme ce sera l'exception, comme d'ailleurs les hautes eaux ne coïncident que très-rarement avec les époques de chaleur, on voit que la consommation, pas plus que l'écoulement de la viande, ne subiront de perturbation ; qu'en somme, grâce au très-peu de jours pendant lesquels ces transports exceptionnels s'effectueront, on pourra considérer comme nulle, sous tous points de vue, leur influence [1].

—————

1. Les hautes eaux ne durent jamais bien longtemps. Il est aisé avec les observations météorologiques de les prévoir. Il serait donc possible de faire descendre toutes les alléges et, d'un côté les chargeant toutes, de l'autre retardant le déchargement du reste de la cargaison, d'arriver, grâce à cette combinaison, à se dispenser de la voie ferrée.

Un moyen mixte pourrait sembler acceptable.
Ce serait l'envoi direct de navires de la Plata à
Paris. Les expériences qui ont été faites de navigation entre Paris et certains ports tendraient à faire
donner attention à ce moyen, qui aurait un avantage,
celui d'éviter tout transbordement.

Mais cette navigation a été jusqu'ici entourée
de tant d'alternatives, qu'il ne me paraît pas possible de baser sur elle une exploitation aussi sérieuse
que celle qui nous occupe.

En résumé, c'est donc Rouen qui nous offre les
plus réels avantages, par conséquent ce sera ce
point que nous considérerons comme étant définitivement le port d'arrivée.

Du reste, par l'importance de la ville, par celle
des populations industrielles qui l'entourent et forment avec elle une agglomération de près de
250,000 habitants, l'exploitation trouvera dans cette
situation même l'occasion de débouchés spéciaux,
qui ont une valeur d'autant réelle, qu'ils n'exigeront, pour être utilisés, aucuns frais supplémentaires.

Ceci expliqué, occupons-nous maintenant de la
question de transbordement.

71. TRANSBORDEMENT DE LA VIANDE. — Le navire est arrivé à quai, nous le faisons accoster par

l'allége dont nous présentons, figure 26, la coupe longitudinale.

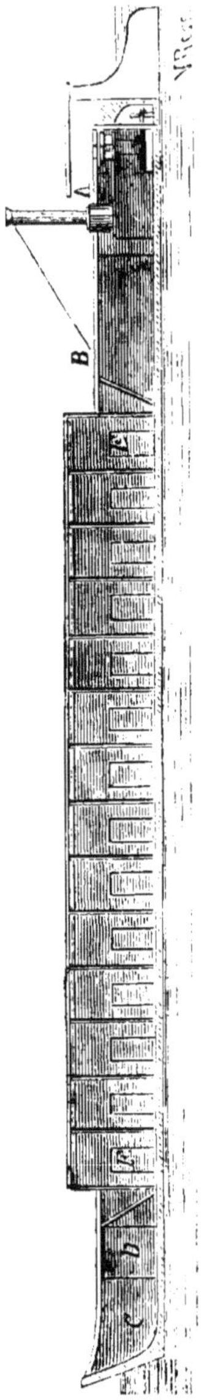

A présente l'emplacement de la machine à vapeur ;

B celui des machines à froid ;

D le logement du capitaine ;

C celui de l'équipage ;

Enfin EF le magasin de viande.

Ce magasin est identiquement semblable à celui décrit pour la grande navigation.

Une seule différence est à signaler, elle consiste en ce que les rayons, au lieu d'être formés par des échelles mobiles, seront établis à l'aide de barres fixes en fer.

Dans ces conditions les morceaux de viande ne seront pas placés parallèlement aux flancs du navire, mais posés perpendiculairement, leur chargement sera ainsi facilité. Bien entendu, il ne sera plus besoin de maintenir les pièces de bœuf à l'aide de fourchettes entretoisées, comme je l'ai indiqué précédemment.

Fig. 26. — Coupe longitudinale d'une allége.

Il suffira simplement de poser les morceaux, qui, n'ayant plus à craindre ni roulis ni tangage, arriveront intacts à Paris.

Chaque cabine ou stalle, dès qu'elle sera emplie, sera fermée, comme il a été dit pour la grande navigation. Aussitôt cette fermeture faite, les bouches d'arrivée d'air froid et d'absorption d'air échauffé seront ouvertes, de sorte que, même dans cette opération de transbordement, la viande ne restera pas plus de deux heures exposée à l'influence atmosphérique.

Voyons maintenant comment s'opérera ce transbordement.

La douane ne permettant aucune opération le dimanche, il nous faut admettre la même proportion qu'au chargement, c'est-à-dire que, pour avoir une quantité régulière de 100,000 kilogr. par jour, il nous faudra compter sur des transbordements quotidiens de 115 à 120,000 kilogr.

Admettons 125,000 kilogr., ce qui nous permettra en quatre jours de décharger un navire.

Il y a du reste avantage à opérer ainsi régulièrement, puisque sur les derniers moments il reste peu de viande, et qu'il est important au point de vue économique de ne pas faire marcher les machines sans emploi réel de leur production.

Donc nous admettrons 125,000 kilogr. par allége et par jour de débarquement.

La figure **27** montre les phases du déchargement.

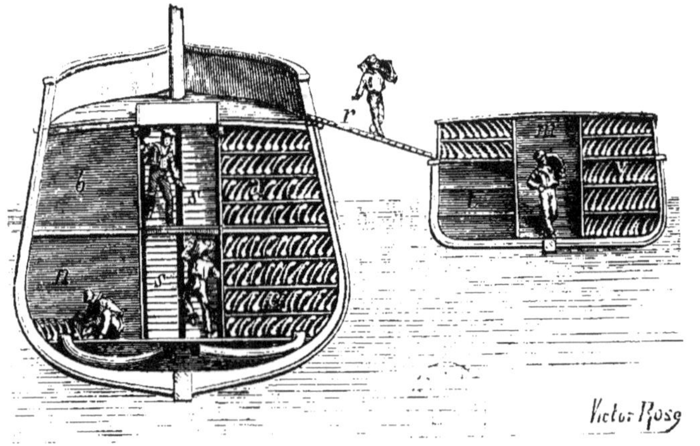

Fig. 27. — Vue d'un navire en déchargement.

Deux stalles *a c* sont intactes, une troisième *b* est vide, une quatrième *n* est en voie de débarquement. Des hommes en retirent les pièces de viande, et, les chargeant sur l'épaule, remontent l'échelle de cale *s, s*. Traversant le pont, ils embarquent dans l'allége, par le pont volant *r*, pénètrent dans le corridor *m*, qui leur permet de porter leur fardeau dans les cases qui bordent ce corridor. La case *t* est en chargement, celle en *v* est déjà complète et par conséquent close.

Ceci fait, les mêmes porteurs ressortent par

l'extrémité opposée du corridor pour remonter sur le navire par un autre escalier et y aller à nouveau chercher charge.

L'ensemble de cette opération est représentée par la figure 28, qui, montrant l'allége ouverte dans sa longueur, permet de voir l'acheminement et le travail des ouvriers transbordeurs.

Dès que le chargement est complété pour une stalle, on en ferme, comme je l'ai expliqué, la porte, pour aussitôt donner le courant d'air froid. Dans le chap. III où l'allége sera présentée sur une échelle plus considérable, nous examinerons complétement cette question.

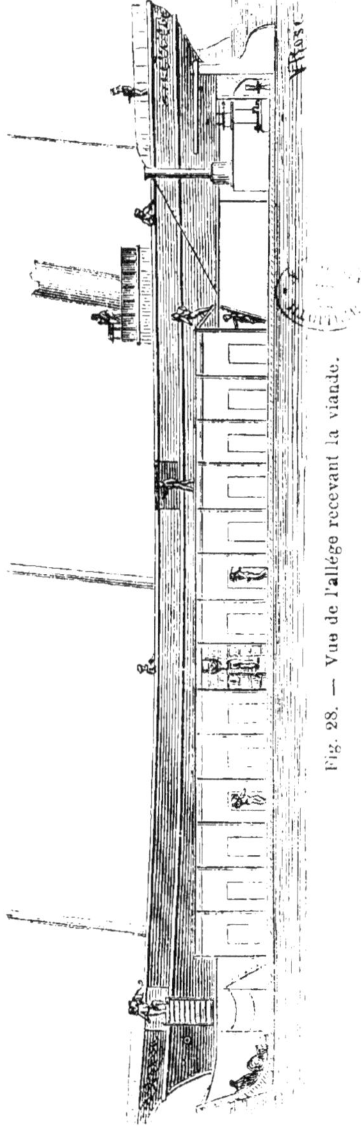

Fig. 28. — Vue de l'allége recevant la viande.

Pour l'instant contentons-nous de mentionner le personnel qui sera nécessité par le transbordement à Rouen.

72. Personnel de transbordement. — Nous avons vu que pour l'embarquement il nous fallait douze porteurs, nous admettrons le même nombre ici. La distance est moins longue à parcourir, mais nous avons à monter et à descendre. ce qui compense cet avantage.

Nous admettrons diviser ces porteurs en deux équipes opérant simultanément. Pour faciliter leur service, nous leur adjoindrons dans la cale du navire un homme pour aider à charger, plus deux arrimeurs dans l'allége, soit trois hommes en plus pour chaque équipe, soit de ce chef six hommes par équipe. En tout dix-huit ouvriers employés à Rouen, lesquels seront sous la surveillance d'un équipier-chef, qui lui-même sera sous la direction de l'agent commercial de la Compagnie.

Cet agent sera là absolument nécessaire.

Non-seulement il aura à surveiller les réceptions et réexpéditions, mais encore il aura à régler les avances d'équipages, à prendre les mesures utiles en cas de grandes eaux, en un mot à parer à toutes choses imprévues qui pourront survenir et exigeront les soins, la surveillance d'un homme expérimenté dans les affaires.

A côté de cet agent supérieur sera placé l'ingénieur chargé du matériel naval.

Ce dernier aura un poste tout à fait important à remplir.

Le port d'arrivée sera effectivement le centre où la Compagnie aura à surveiller le plus sérieusement son matériel naval. Des marchés passés avec des maisons de construction lui fourniront bien les éléments de réparation, sans qu'elle ait, au début surtout, à se charger d'ateliers spéciaux; mais il lui faudra néanmoins un homme sûr, expérimenté, présidant à toutes les réparations, à l'expédition des navires, de telle sorte que sous aucun rapport il n'y ait périclitation du service comme du matériel naval.

Nous admettrons donc là, outre dix-neuf hommes employés au transbordement, ci. . .   19 hommes:

1° Un agent commercial ayant pour le seconder :

Deux employés de bureau dont un caissier;

Un homme de service, soit. . .   4   —

A reporter. . . . .   23 hommes.

Report. . . . .   23 hommes.

2° Un ingénieur du matériel naval ayant sous ses ordres :

    Un capitaine d'armement.

    Un contre-maître.

    Deux dessinateurs.

    Deux magasiniers,

    Un homme de peine, en tout. .   8   —

Ensemble. . . . .   31 personnes

qui seront utilisées à Rouen par la Compagnie.

73. Voyage en Seine. — De même que nous
n'avons rien eu à dire de la navigation en haute
mer, de même nous n'aurons pas à parler de la
remontée de Rouen à Paris. Nous arriverons donc
directement en ce dernier centre, où nous trouverons les magasins définitifs de déchargement et de
vente.

Occupons-nous immédiatement de cette dernière partie du service.

§ 4.

Opérations à Paris.

74. Arrivée a Paris. — Le port d'arrivée à Paris sera situé quai d'Auteuil et route de Versailles, 103, en un terrain spécialement affecté à cet usage et de l'aménagement duquel nous allons immédiatement nous occuper.

Nous y trouverons :

1° Le quai de débarquement ;

2° Un magasin de vente, constamment maintenu à 0 degré ;

3° Le point d'arrivée et de départ pour les voitures de bouchers.

En un mot, en cet endroit se résumera le but ultime de l'opération, c'est-à-dire l'approvisionnement de Paris.

Abordons l'étude de ces différents points.

La figure 29 présente une coupe complète de l'ensemble de l'établissement.

En étudiant cette figure, nous remarquerons d'abord, à quai d'arrivée, l'allége A, que nous admettons être en déchargement.

Nous trouvons ensuite le chemin de halage B ;

Enfin le magasin d'arrivée R. dans lequel nous devons tenir emmagasinée la viande à la disposition de la consommation.

Comme nous l'avons vu pour le magasin de viande au départ, il importait, pour la conservation aisée du froid, que ce magasin fût situé dans le sol.

Mais là, comme dans la Plata, nous aurions à lutter avec les inondations.

Il nous faut donc renoncer à cette disposition et créer sur le sol même une cave factice.

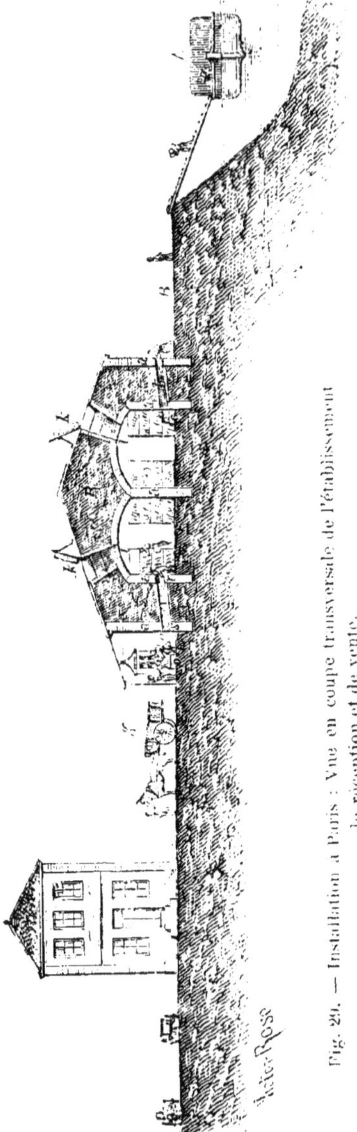

Fig. 26. — Installation à Paris : Vue en coupe transversale de l'établissement de réception et de vente.

Partant de cette donnée, nous n'avons qu'à répéter les mêmes dispositions que nous avons appliquées là-bas ; l'étude rapide que nous allons faire de la cave R va nous montrer qu'il s'agit effectivement d'agencements identiques.

La cave R est circonscrite par les doubles murailles *aa*, *aa*, lesquelles maintiennent entre l'intérieur et l'atmosphère extérieure une couche de terre de 3 mètres d'épaisseur.

Ce magasin est garni à l'intérieur de rayons en fer analogues à ceux que nous connaissons, mais, au lieu de le diviser en stalles séparées, nous le laissons d'une seule pièce, ce qui n'a pas d'inconvénients, toute la capacité interne étant tenue à la température de 0 degré.

Ces rayons ne sont pas absolument nécessaires. Ainsi que je l'ai déjà expliqué, la viande, ayant là peu de temps à séjourner, peut être posée directement sur le sol, puis rangée en tas symétriques. Dans tous les cas, des étiquettes placées sur chaque case ou tas indiqueront d'une manière permanente la date d'arrivée des morceaux et par conséquent le rang à donner à leur enlèvement, en sorte que l'écoulement reste permanent et régulier.

75. Emmagasinement de la viande. — En *b*,

nous remarquons une des mêmes coulées inclinées de la figure 8.

Comme dans cette figure, elles sont fermées par des trappes mobiles et automatiques, de façon à ce que, tout en livrant passage à la viande, le conduit reste lui-même fermé.

Trois de ces conduits sont placés dans la paroi qui regarde la rive; ils correspondent aux diverses parties du magasin frigorifique, dans lesquelles l'emmagasinement doit se produire.

Les porteurs n'ont par conséquent à faire que trois choses :

Prendre les pièces de viande dans les stalles des alléges, — les apporter à quai, — puis les introduire dans les conduits du magasin R.

Nous avons de ce chef à utiliser huit porteurs, plus quatre chargeurs, en tout douze hommes.

La viande arrivée en C est reprise par d'autres équipes qui ont pour objet de l'entasser dans le magasin. Nous admettrons là encore huit hommes, et, comme le travail à la sortie est identique, ce sera seize individus que nous aurons à occuper dans le magasin, plus un surveillant, en tout dix-sept employés.

76. SORTIE DE LA VIANDE. — La sortie de la

viande a lieu par la coulée *rs*, qui, elle aussi, est répétée quatre fois.

Elle vient ainsi tomber sur une tablette élastique *n* garnie de cuir. Elle est prise sur cette tablette et chargée sur la bascule *o*. Son poids étant ainsi déterminé, elle est livrée au boucher dont la voiture attend en *g*.

77. RÉCAPITULATION DES DIFFÉRENTS SERVICES. — Pour bien comprendre l'ensemble du travail et la simplicité qui présidera à cette dernière partie de l'opération, je vais présenter planche IV une vue en plan de l'installation à établir pour la réception et la vente ; elle nous permettra de reprendre tous les détails de l'opération, de les coordonner et de montrer que de ce côté nul embarras ne peut se présenter.

Tout d'abord indiquons les parties principales.

Elles se résument par :

1° La Seine. Les flèches semées dans son cours indiquent la direction des courants ; une allége P G y est figurée en déchargement ;

2° Le chemin de halage qu'il faut traverser, indiqué par AB, AB ;

3° Les bâtiments d'exploitation compris dans le terrain R R R R ;

4° La route de Versailles figurée en **KL, KL.**

Les parties M N, N M sont réservées pour les annexes accessoires qui pourraient être utiles.

Ces grandes divisions établies, voyons à entrer dans les détails de l'opération.

L'allége PG est à quai en déchargement.

Nous voyons distinctement les porteurs en sortir par l'écoutille *m* et venir glisser les pièces de viande dans la coulée *g*, puis retourner à nouveau chercher la viande par l'écoutille *n*.

Une seule ouverture en *g* peut servir à l'introduction des morceaux de viande.

Pour plus de facilité, la planche IV en indique trois; elles ont pour but la plus aisée distribution à l'intérieur de la viande à emmagasiner.

Ainsi que je l'ai expliqué, chaque case ou pile de viande portera la date de l'emmagasinement. Le chef du service intérieur doit donc veiller tout particulièrement à ce que la viande soit toujours enlevée suivant son rang d'ancienneté.

La surveillance devra en plus s'exercer sur les points suivants :

1° Vérifier si la température reste fixe entre — 1° et + 2°, ce qui est facile à obtenir comme nous le verrons plus tard;

2° S'assurer que les hommes de corvée soient

toujours, lorsqu'ils ont fini leur livraison en z,z,z,z, à proximité des bureaux d'ordre extérieurs que nous voyons en l,l,l,l;

3° Veiller à l'ordre intérieur, à la propreté.

L'accès du magasin est facilité par le corridor PD.

Le corridor ne s'ouvre pas librement, mais bien sous l'impulsion du surveillant concierge, logé en S; par conséquent il n'y a à craindre ni la sortie intempestive des ouvriers, ni la permanence de portes ouvertes, lesquelles tendraient à annihiler l'action réfrigératrice.

Pour en finir avec l'intérieur du magasin froid. nous remarquons à chaque angle des communs. Les équipes, se renouvelant de six heures en six heures, trouveront donc à l'intérieur tous les éléments nécessaires à leur séjour. Ces communs seront directement drainés dans un égout spécial, avec affluence d'eau permanente et considérable, de manière à éviter toutes émanations putrides ou nauséabondes.

De son côté. le sol du magasin sera bitumé; les murs voûtés seront soigneusement crépis. Bref, je n'ai pas besoin de le dire. toutes précautions seront prises pour non-seulement assurer la propreté, mais encore permettre d'en vérifier l'existence comme d'en assurer le maintien facile.

Sortant du magasin frigorifique, nous remarquons en O P un atelier spécial. Cet atelier se divise en deux parties :

L'une affectée au service de la machine à vapeur destinée à fournir la force utile à la production du froid ;

L'autre disposée pour recevoir les machines frigorifiques.

Nous n'avons pas à nous occuper pour l'instant de ces dernières ; bornons-nous à constater seulement que ces machines sont placées à l'extérieur, et que par conséquent la source de réchauffement qu'elles produiraient se trouve ainsi être annihilée.

Allant plus loin, nous trouvons en t, t, t, t les bureaux d'expédition.

La boucherie de Paris achète généralement au comptant, mais le comptant comprend encore deux sortes de transaction :

L'une consiste à l'échange immédiat des espèces contre la marchandise ;

L'autre consiste à livrer et à faire toucher dans un délai de deux, trois, quatre, cinq jours.

Il ne m'appartient pas ici de trancher le mode qui devra être établi. Pour choisir, il y aura lieu, à mon sens, de consulter des hommes ayant la pratique de Paris et des habitudes du commerce qui nous occupe.

Cette réserve posée, voyons à résumer d'une manière générale la partie mercantile qui termine l'opération.

78. Vente. —Les bouchers arrivent avec leurs voitures.

Ces dernières se rangent sur la route de Versailles, l'une derrière l'autre, au fur et à mesure de leur arrivée. Elles ne pénètrent dans la cour de l'usine qu'au fur et à mesure du départ des voitures précédemment chargées. Le portier-consigne placé en S a pour mission spéciale de veiller à ce que cet ordre de choses soit régulièrement exécuté.

Chaque voiture, arrivée devant l'une des bascules o, o, o, o, remet l'ordre écrit de son patron.

Cet ordre peut mentionner un nombre plus ou moins grand de pièces de viande, une variation plus ou moins déterminée dans les morceaux, mais en tous cas il ne saurait y avoir de division de pièces.

La conséquence de ce mode d'action est une grande simplicité de travail. L'employé du bureau reçoit l'ordre, le transmet à l'aide d'un cordon acoustique dans l'intérieur du magasin, l'équipe correspóndante va chercher les morceaux indiqués, les passe par la coulée z. La viande arrive enfin au dehors.

Là, pour éviter tout froissement, elle tombe, comme nous l'avons vu pour l'intérieur, sur une tablette rembourrée et couverte de cuir verni. L'emploi de cette substance a pour but de permettre le lavage aisé de cette tablette. L'équipe extérieure relève la viande ainsi reçue, la pose sur la bascule où le poids est fait en présence de l'acheteur.

Aussitôt constatation faite de ce poids, lequel pour garantie est vérifié de l'intérieur du bureau par l'employé chargé de faire la facture, la viande est chargée sur la voiture.

Si le garçon boucher doit payer, il passe à la caisse placée en V acquitter ce qu'il doit;

Si, au contraire, on doit faire toucher à domicile, un double de la facture est établi en même temps sur un même livre à souche. Ce double est remis à l'administration, qui n'a plus qu'un soin, vérifier et faire encaisser.

A cette voiture en succède une autre, et ainsi de suite.

On voit par l'inspection de la planche A que la route étant large, facile, les voitures peuvent aisément tourner, et que, sous tous rapports, l'exploitation trouvera dans le local choisi toutes les facilités désirables.

Tous ces faits expliqués, il nous reste à examiner comment doit s'énumérer le personnel spécial à l'exploitation de Paris.

79. Personnel a Paris. — Nous avons admis :

1° Au débarquement, 12 chargeurs et porteurs ;

2° Dans l'intérieur, tant pour classer la viande que pour la livrer, 16 hommes, plus 1 comptable et 1 surveillant, en tout 18 hommes.

A l'extérieur, il nous faudra :

8	porteurs.
2	concierges (nuit et jour).
2	mécaniciens (nuit et jour).
2	surveillants de machine (nuit et jour).
1	mécanicien à l'entretien.
4	employés à la vente.
2	employés de bureau.
1	directeur d'exploitation.

Soit	22	hommes, qui, ajoutés :
aux	12	chargeurs de l'arrivée,
aux	18	du personnel intérieur,

donneront en tout 52 personnes pour l'exploitation de Paris.

Il semblera que ce nombreux personnel pourra difficilement se mouvoir dans un espace aussi restreint. Mais il faut considérer ce fait, c'est que la moitié de ce personnel travaillera le jour, et la moitié la nuit.

En effet, le déchargement des alléges doit se faire uniquement le jour.

Au contraire, la vente se fera à partir de deux heures du matin, d'où le dédoublement indiqué.

Cette considération nous amène à examiner le mode d'éclairage aussi bien diurne que nocturne à employer.

80. ÉCLAIRAGE. — Cet éclairage sera obtenu le jour au moyen d'ouvertures pratiquées dans les voûtes du magasin frigorifique, mais disposées de manière à être, l'été, obstruées au fur et à mesure de l'arrivée du soleil.

Il ne faut pas oublier, en effet, que le soleil lance par mètre carré une quantité de chaleur égale par an à 2 millions et demi de calories, et qu'il importe de se mettre à l'abri de cette influence, laquelle se manifeste très-active à certaines heures.

Les mêmes ouvertures recevront pour la nuit des becs de gaz qui rayonneront, dans l'intérieur, les faisceaux lumineux utiles à l'accomplissement du travail.

La figure 29 présente cette disposition.

Nous retrouvons la coupe que nous connaissons.

Comme nous le remarquons aisément, chacune des ouvertures de la voûte est munie d'un volet fortement rembourré de substances isolantes. Il suffit de laisser tomber ce volet pour intercepter les rayons solaires.

La conduite de ces auvents permanents se trouve ainsi être très-facile, et il suffit d'un peu d'attention pour éviter l'inconvénient que je signalais il y a un instant en parlant

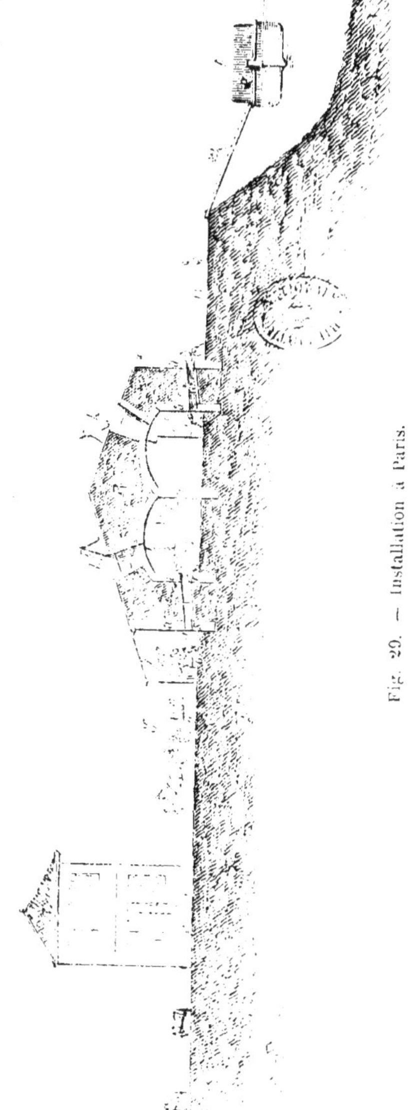

Fig. 29. — Installation à Paris.

de l'influence solaire. Pour augmenter la résistance à la pénétration du calorique, chaque ouverture sera fermée par trois châssis successifs qui, emprisonnant entre eux une certaine quantité d'air, formeront un matelas isolant autant peu conducteur que possible.

C'est dans l'intervalle laissé par les derniers de ces châssis intérieurs que sera logé pour la nuit chaque appareil d'éclairage.

Il se composera simplement d'un bec de gaz ordinaire surmonté d'un puissant réflecteur ; une double cheminée permettra d'une part l'évacuation de l'air brûlé, d'une autre l'arrivée de l'air neuf.

On pourrait également se servir de la lumière électrique, mais les ombres prononcées qu'elle laisse, la fatigue qu'elle donne à la vue, font que, jusqu'à nouvel ordre, mieux vaudra compter sur la simple lumière du gaz, qui est plus douce, plus régulière.

Tout ceci dit, il nous reste, pour terminer ce chapitre, à élucider une question. Cette question c'est la récapitulation de tout le personnel qu'emploiera la Compagnie dans ses différents services. Nous verrons plus loin, lorsqu'il s'agira d'établir le prix de revient de la viande, à utiliser ce document.

Pour l'instant contentons-nous d'en faire l'évaluation.

81. PERSONNEL GÉNÉRAL. — L'ensemble de ce personnel pourra se résumer ainsi :

L'usine de production à la Plata emploiera. . . . . 220 hommes.

L'exploitation agricole. . . . 200 id.

La surveillance du froid à bord des navires exigera sur chaque navire 1 chef mécanicien et 2 aides, soit pour 20 navires. . . 60 id.

Chaque équipage sera formé :

Pour le pont, par :
 1 capitaine,
 1 second,
 1 maître,
 8 matelots,
 1 novice,
 1 mousse,
 1 coq.

Ensemble 14 hommes.

A reporter. . . 480 hommes.

Report. . .   480 hommes.

Pour la machine, par :

    1 chef mécanicien,

    1 second,

    4 chauffeurs,

    2 charbonniers.

Ensemble 8 hommes, soit 22 par équipage.

Nous avons 20 navires, c'est donc de ce chef.   440   id.

Pour le transbordement à Rouen, le service d'inspection, nous avons vu qu'il fallait compter sur.   31   id.

Nous avons admis à Rouen 8 alléges, savoir :

    1 en chargement,

    2 en route pour aller,

    1 en déchargement,

    2 en retour,

    2 en réparations im-

        prévues,

Soit 8 alléges.

A reporter. . .   951 hommes.

Report. . . 951 hommes.

Chacune d'elles exigera :

    1 patron,

    1 second,

    1 surveillant à la ma-
        chine à froid.

    2 mariniers,

    2 chauffeurs.
    ___

En tout 7 hommes.

Nous avons 8 alléges, c'est
donc encore de ce côté. 56   id.

Enfin, à Paris, nous avons
admis employer. 52   id.

Ce sera donc ensemble. . . 1,059 hommes
que nécessitera l'opération, dans les différents services qu'elle aura à organiser.

82. DURÉE DE LA CONSERVATION. — Si nous
voulons maintenant, pour finir cette étude, calculer
le temps que mettra la viande à accomplir le trajet
que nous venons de décrire, nous trouverons :

    Pour l'abatage, l'attente en magasin.   3 jours.

    Pour le chargement, expédition. . .   5 id.

    Pour le transport, moyennement. .   27 id.

    A reporter. . .   35 jours.

Report. . . 35 jours.

Pour le transbordement . . . . . . 5 id.

Pour la montée à Paris. . . . . . . 3 id.

Pour le déchargement de chaque
allége. . . . . 1 id.

Pour la vente, moyennement. . . . 3 id.

En tout. . . . . 47 jours.

Notons que je compte au maximum.

Or il m'a été donné de garder pendant neuf semaines, c'est-à-dire pendant soixante-trois jours, de la viande, et ce dans des conditions incomplètes d'expérimentation. On voit qu'il n'y a de cette question de durée rien à redouter, et que nous pouvons sûrement, grâce à ce moyen, puiser au dehors ce qu'il nous faut.

La chose importante est de ne pas lésiner sur la puissance des appareils à froid. Il faut, si je puis dire, produire cette influence avec excès.

Non pas que je veuille arriver à la congélation, ceci, il s'en faut très-strictement garer; mais produire de telle façon que, dans aucun cas, les appareils n'aient à utiliser leur pouvoir maximum. Quand ce résultat sera atteint, la question sera vidée.

C'est à le chercher que nous allons nous attacher dans le chapitre qui va suivre.

CHAPITRE III

Notions générales.

83. EXPOSÉ. — Avant de commencer la description des moyens frigorifiques que nous avons à décrire, il est utile d'entrer dans quelques détails relatifs aux phénomènes à mettre en jeu. Cette étude préliminaire va immédiatement nous occuper; nous la ferons aussi succincte et rapide que possible, suffisante cependant pour pouvoir être compris.

Lorsqu'un liquide se vaporise, il lui faut absorber une quantité de chaleur considérable, laquelle reste insensible. Cette chaleur est nommée, à cause de cette insensibilité, chaleur latente, ou calorique latent, chaleur ou calorique étant synonymes dans le langage actuel.

Prenons l'eau pour exemple.

Mettons-en sur le feu une certaine quantité prise à 0 degré, Sa température va s'élever de degré en degré. Elle atteindra 100 degrés c.; mais arrivée là, en vain chaufferons-nous : la température restera stationnaire, elle ne dépassera pas ces 100 degrés c.; la vapeur qui se formera restera elle-même à cette température.

Que devient alors le calorique que nous fournissons à cette eau?

Il devient insensible, n'en produisant pas moins un effet considérable, puisque c'est lui qui fait passer l'eau de l'état liquide à l'état de vapeur.

Pour mieux comprendre l'importance de ces deux manifestations calorifiques, précisons-les par des chiffres.

Admettons que nous ayons 1 kilogr. d'eau toujours prise à 0 degré.

Pour faire arriver ce kilogr. à 100 degrés, température de l'ébullition, il nous faudra dépenser juste 100 calories [1], soit. . . . . . . 100 calories.

Mais pour transformer ce kilogr. d'eau à 100 degrés en 1 kilogr. de vapeur, il nous faudra lui

---

1. Une calorie est la centième partie de la chaleur qu'il faut pour faire bouillir un litre ou kilogramme d'eau, autrement dit, c'est la quantité de chaleur utile pour faire monter de 1 degré ce même poids d'eau.

fournir non plus 100 autres calories, mais bien *cinq cent quarante*, et ce sans changer sa température,

soit. . . . . 540 calories.

Cette dernière quantité de chaleur, si considérable eu égard au calorique qui reste sensible, avec quoi la donnons-nous?

Toujours avec le même foyer qui a porté l'eau de 0 degré à 100 degrés.

L'opération consiste donc à prendre de la chaleur au feu et à la donner à l'eau.

Mais si nous pouvions prendre cette chaleur que la vaporisation enlève si abondamment, non pas à un foyer, mais aux corps sur lesquels nous voulons agir; l'emprunt de calorique que nous leur ferions abaisserait nécessairement leur température, dès lors l'effet frigorifique que nous cherchons serait trouvé!

Cette conséquence est très-exacte.

Toutefois, pour pouvoir la produire, il ne nous faut pas des corps se mettant en ébullition seulement à 100 degrés, mais bien des agents plus subtils, plus volatiles, pouvant subir cette action à des températures moindres que celles à produire. En ce cas, l'eau, l'air, les corps que nous voudrons refroidir joueront exactement le même rôle que le feu placé sous une marmite pour la mettre en ébullition, ils céderont leur calorique à la vapeur produite ; dès lors leur température s'abaissera proportionnellement à la vaporisation formée.

Tous les liquides ne sont pas propres à subir sous la pression ordinaire ces basses ébullitions.

La science nous en désigne bien un certain nombre ; mais industriellement il n'en est que deux qui puissent être avantageusement employés. Ces corps sont :

L'ammoniaque et l'éther méthylique.

TABLE ANALYTIQUE

DES MATIÈRES

PREMIER FASCICULE.

PREMIÈRE PARTIE.

ÉTUDE GÉNÉRALE.

CHAPITRE PREMIER

PROCÉDÉS EMPLOYÉS JUSQU'A CE JOUR.

CHAPITRE II.

PROCÉDÉS PARTICULIERS.

§ 1er.

**Note analytique adressée à l'Académie des sciences
le 6 décembre 1870.**

§ 2.

**Deuxième Note adressée à l'Académie des sciences
le 27 décembre 1870.**

§ 3.

**Note présentée à la Société d'acclimatation
le 12 janvier 1871.**

DEUXIÈME PARTIE.

APPLICATIONS.

CHAPITRE PREMIER.

DE LA VIANDE, DE SON ALTÉRATION, DE SA CONSERVATION.

CHAPITRE II.

CONSERVATION DE LA VIANDE PAR LE FROID APPLIQUÉE A LA GRANDE NAVIGATION.

Généralités.

§ 1er.

Établissement d'abatage.

§ 2.

Exploitation des animaux.

Production de la viande.

Utilisation des abats.

§ 3.

Transport maritime de la viande.

Transport transatlantique.

§ 4.

Opérations à Paris.

CHAPITRE III.

PRODUCTION DU FROID.

Notions générales.

PARIS. — J. CLAYE, IMPRIMEUR, 7, RUE SAINT-BENOIT. — [251]

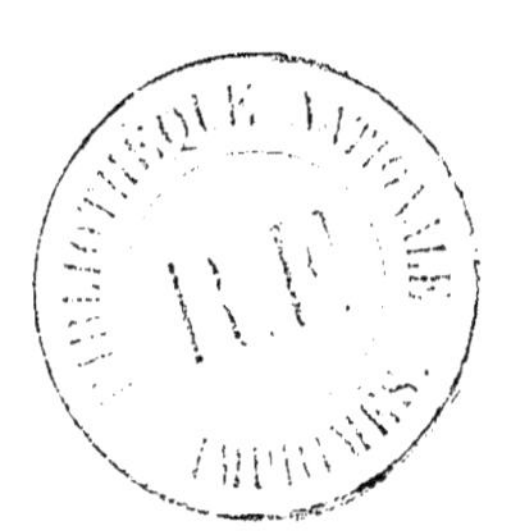

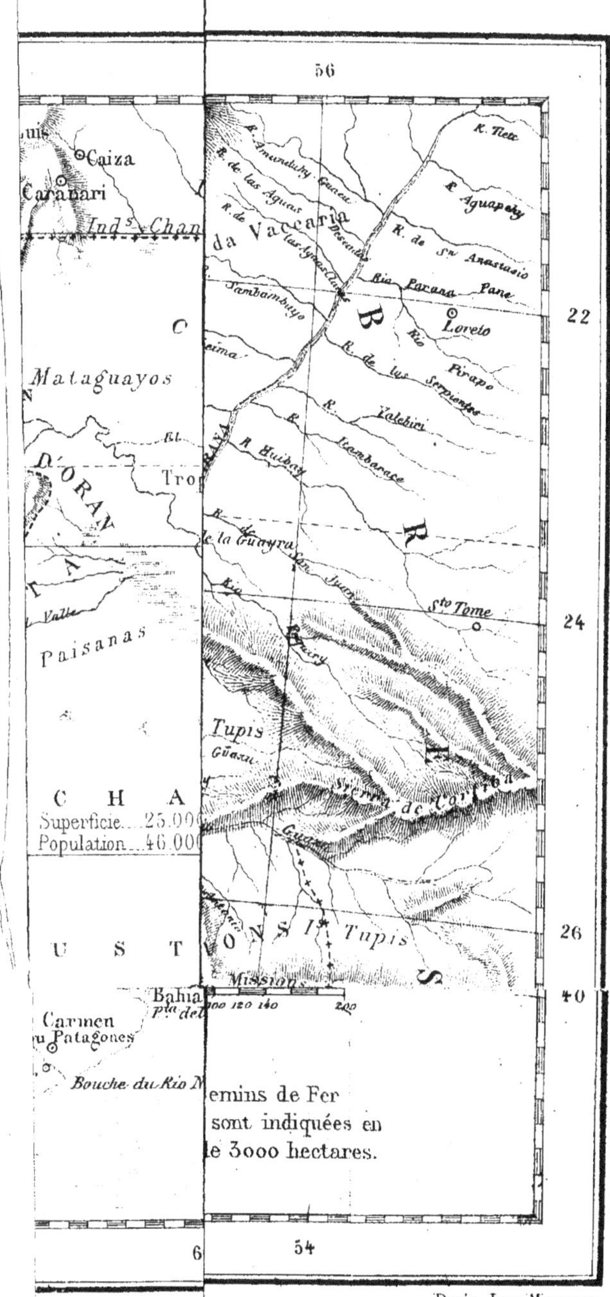

Paris. Imp. Monrocq.

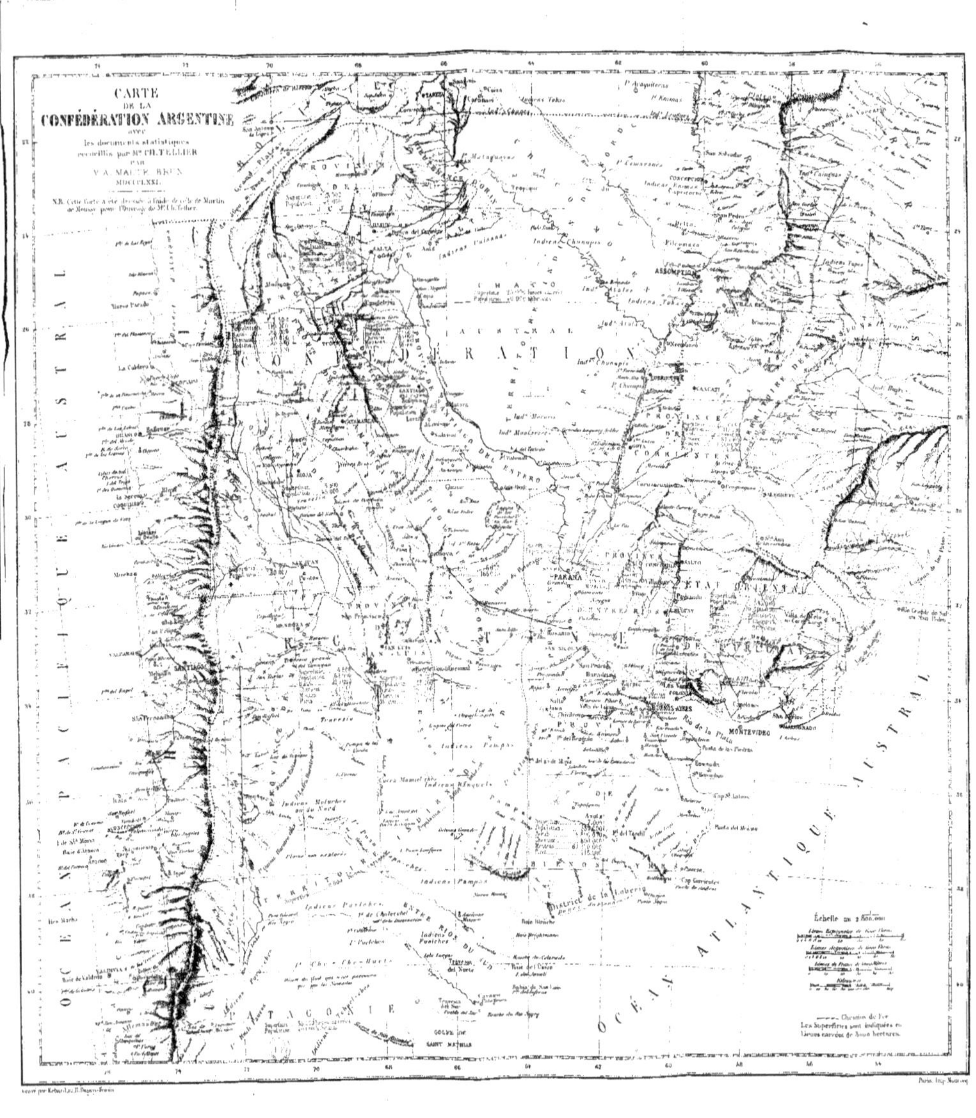

CARTE
DE LA
CONFÉDÉRATION ARGENTINE
avec
les documents statistiques
recueillis par Mr CH. TELLIER
PAR
V. A. MALTE BRUN
MDCCCLXXI.

OCÉAN PACIFIQUE AUSTRAL
OCÉAN ATLANTIQUE AUSTRAL
CONFÉDÉRATION AUSTRAL
CHACO
PATAGONIE
PARANA
BUENOS AYRES
MONTEVIDEO
ÉTAT ORIENTAL DE L'URUGUAY
Échelle au 2.800.000
GOLFE DE SAINT MATHIAS

OID .

a Plata.

Planche, 2.

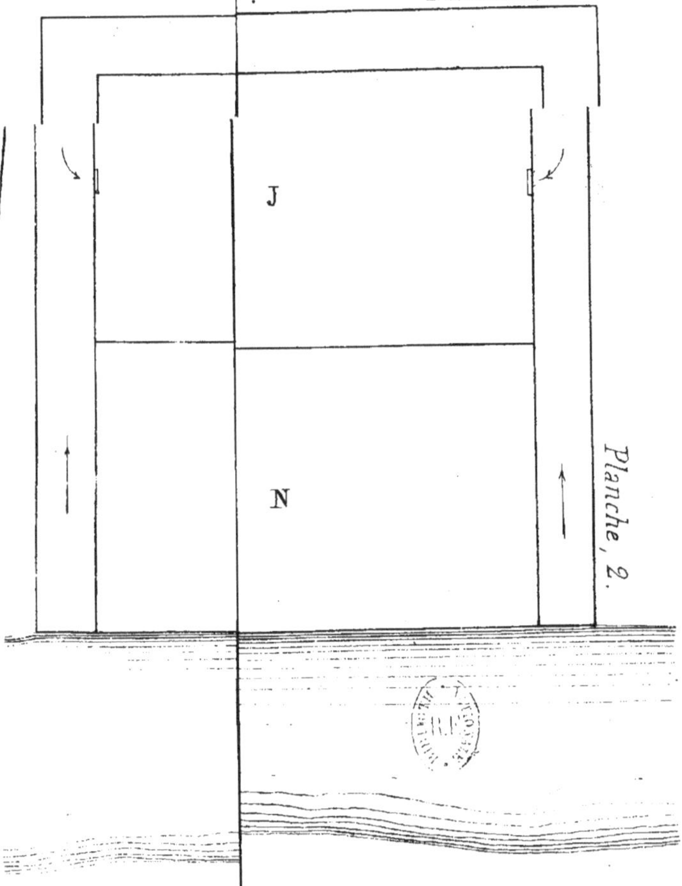

APPLICATION DU FROID.

Plan d'ensemble de l'établissement de la Plata.

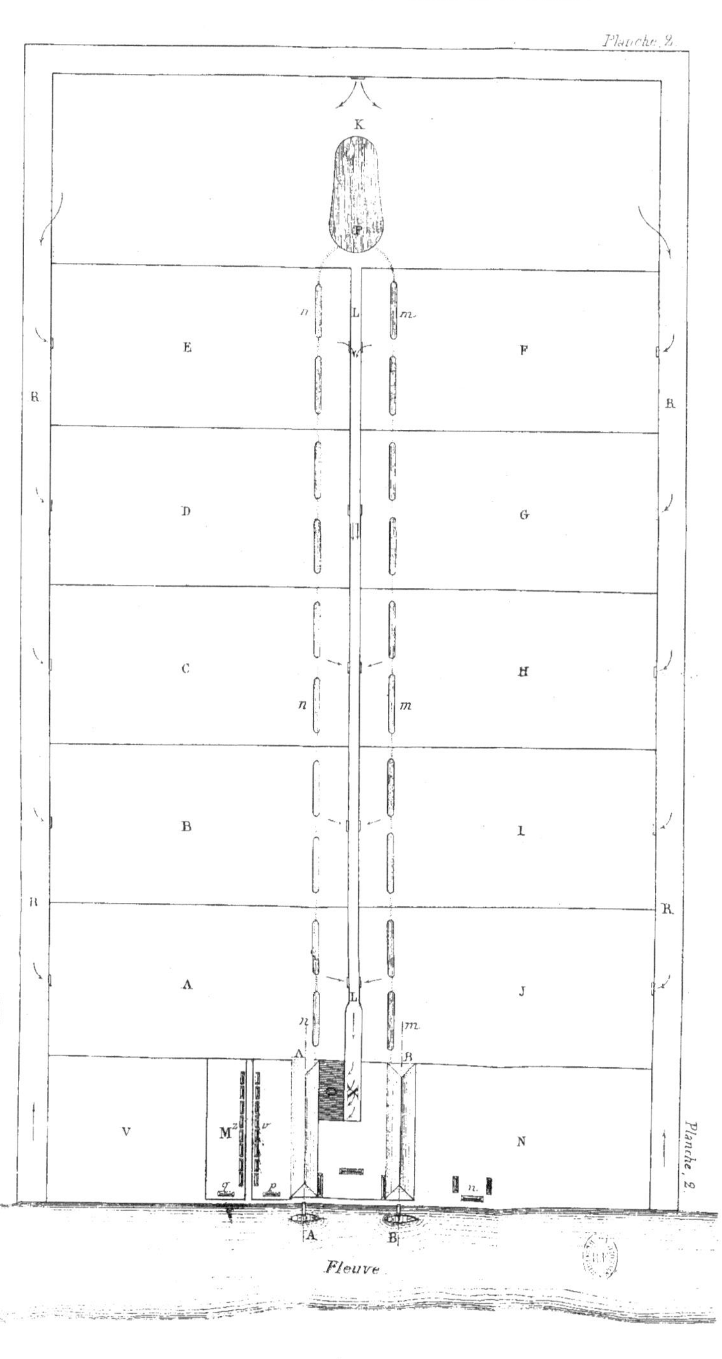

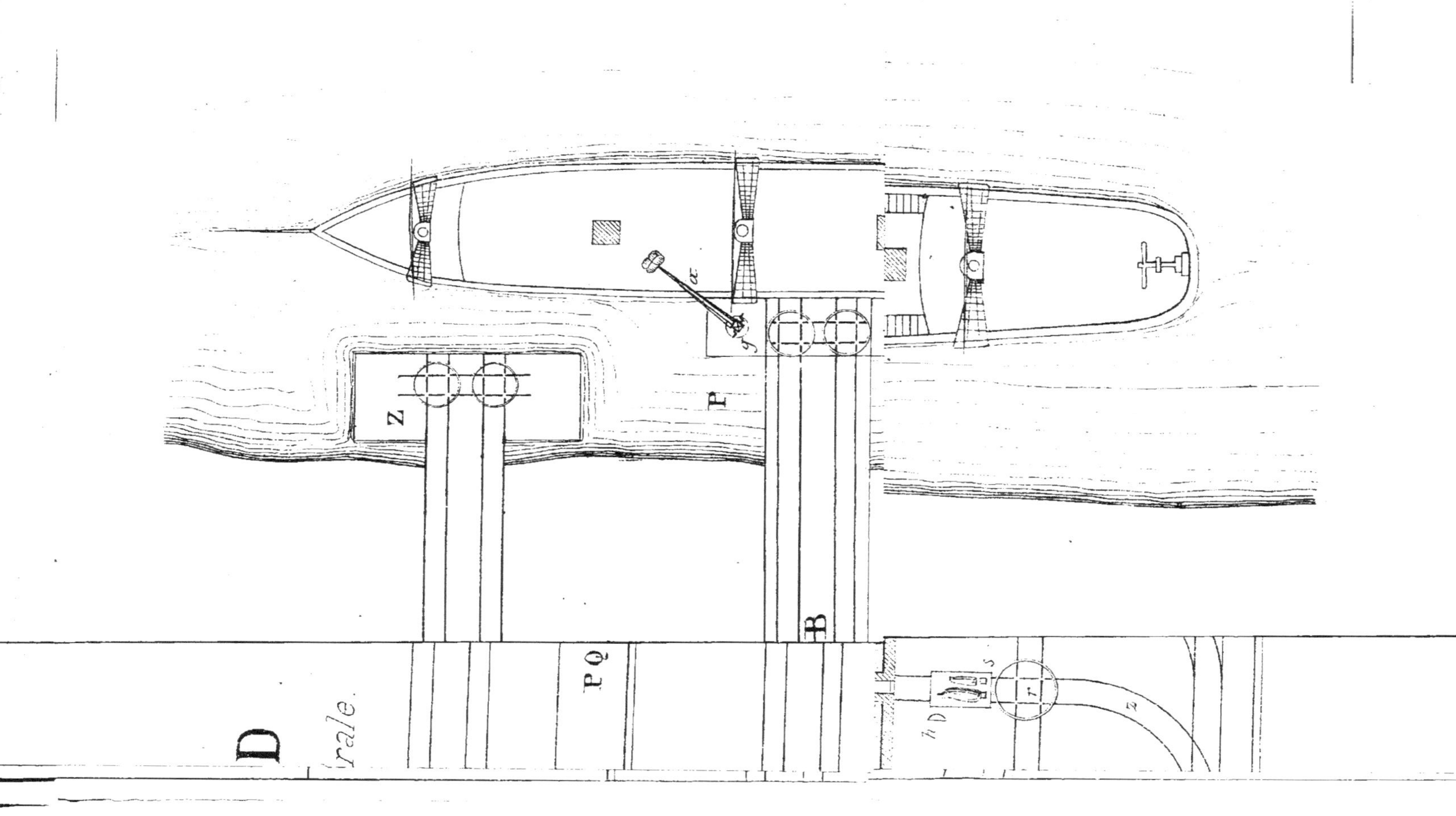

D
rale.
Z
P Q
P
B
α
g
h D
s
r
z

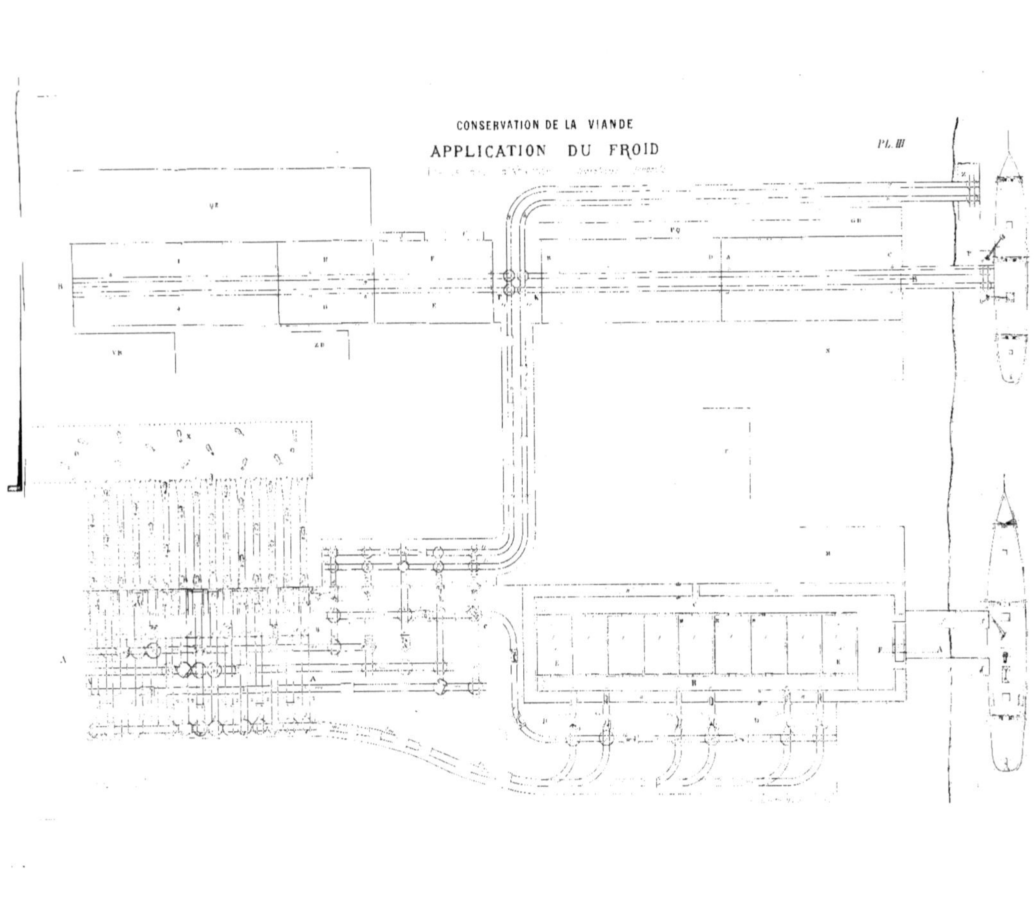

CONSERVATION DE LA VIANDE
APPLICATION DU FROID
Pl. III

E

OID.

hte.

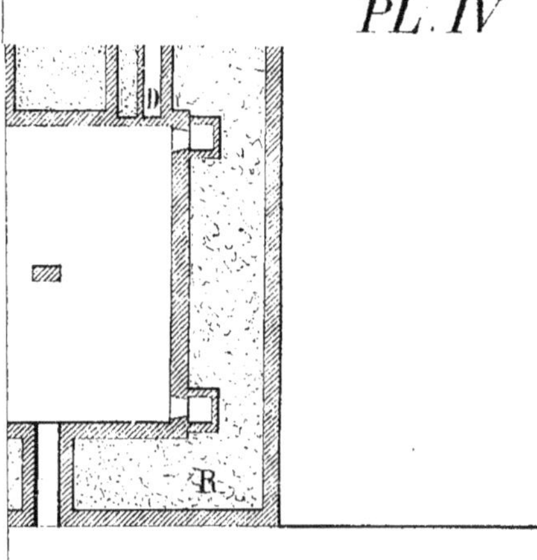

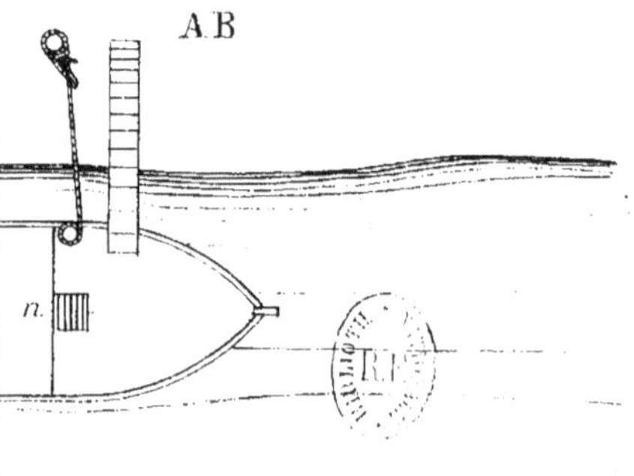

tor Rose, 49, Chaussée d'Antin

CONSERVATION DE LA VIANDE

APPLICATION DU FROID.

Vue en Plan
de l'établissement de réception et de vente
à Paris.

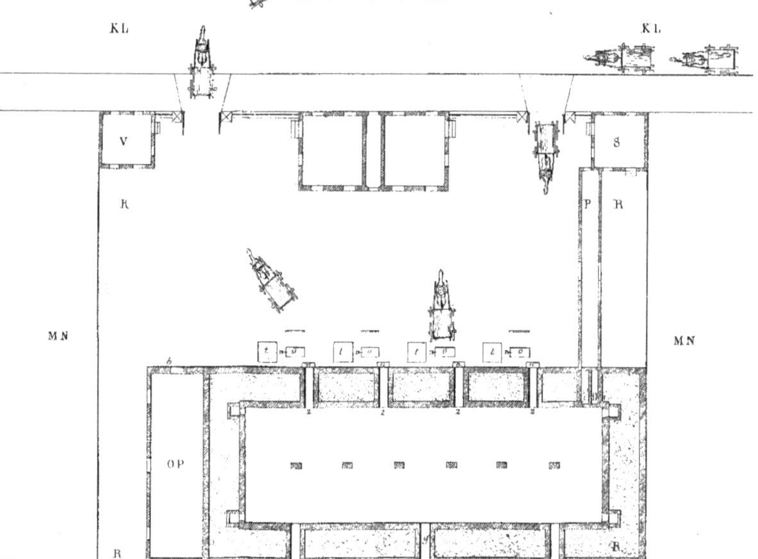

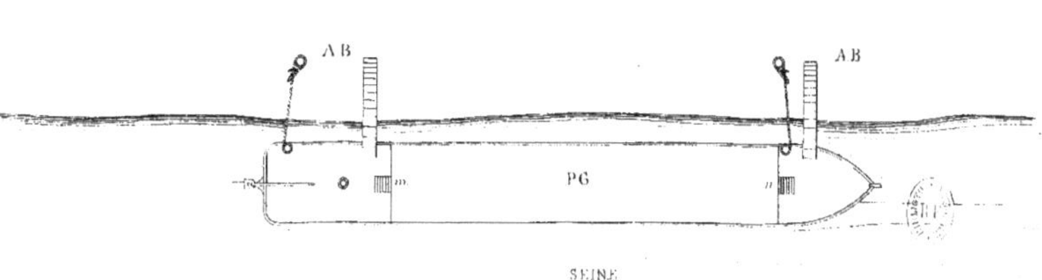